国家"十三五"重点研发计划项目成果

优质肉鸡高效安全养殖技术丛书

肉鸡养殖与智能装备

陈　斌　林　欣　靳传道　张兴晓　主编

中国农业大学出版社

·北京·

内 容 简 介

本书共有 7 章,包括肉鸡养殖概述、平养养殖的发展、立体养殖的发展、立体养殖装备、立体养殖工艺流程、养殖云服务、养殖场生物安全体系建设。本书系统全面地介绍了肉鸡养殖业的发展历程,不同时期的主要饲养模式,养殖装备的发展,养殖装备的操作、维护要求,提出了未来肉鸡养殖场的发展方向,对养殖云服务的发展趋势做了分享,指出了养殖场生物安全体系建设的重要性,为规模化肉鸡高效养殖打下坚实基础。

图书在版编目(CIP)数据

肉鸡养殖与智能装备 / 陈斌等主编. -- 北京:中国农业大学出版社,2024.8
ISBN 978-7-5655-3220-7

Ⅰ.①肉… Ⅱ.①陈… Ⅲ.①肉鸡—饲养管理 Ⅳ.①S831.4

中国国家版本馆 CIP 数据核字(2024)第 108755 号

书　名	肉鸡养殖与智能装备
	Rouji Yangzhi yu Zhineng Zhuangbei
作　者	陈　斌　林　欣　靳传道　张兴晓　主编

策划编辑	何美文　魏　巍	责任编辑	何美文
封面设计	北京中通世奥图文设计中心		
出版发行	中国农业大学出版社		
社　址	北京市海淀区圆明园西路 2 号	邮政编码	100193
电　话	发行部 010-62733489,1190	读者服务部	010-62732336
	编辑部 010-62732617,2618	出　版　部	010-62733440
网　址	http://www.caupress.cn	E-mail	cbsszs@cau.edu.cn
经　销	新华书店		
印　刷	北京溢漾印刷有限公司		
版　次	2024 年 9 月第 1 版　2024 年 9 月第 1 次印刷		
规　格	185 mm×260 mm　16 开本　10.75 印张　262 千字		
定　价	45.00 元		

图书如有质量问题本社发行部负责调换

本书编写人员

主　编　陈　斌　林　欣　靳传道　张兴晓

副主编　张建龙　朱洪伟　郭庆亮　丁　峰
　　　　刘瑞志　金开兴　王晓君　任国栋
　　　　姚德法　郑培宁

参　编　丁贵民　于　飞　王成龙　周　锷
　　　　王义杰　孟　楠　池永康　陆振华
　　　　姜琳琳　于馨超　陈国忠　张华颖
　　　　王　雷　黄　超　刘　曼　尹　颖

前　言

20 世纪 80 年代白羽肉鸡进入我国，短短 40 年，白羽肉鸡同黄羽肉鸡一起发展，使我国在 2014 年成为世界第二大肉鸡生产国。2017 年，鸡肉成为我国消费比重第二的肉类，占比达到 25％，仅次于猪肉。肉鸡饲养方式从传统饲养转向现代化养殖，这一成果来之不易，离不开每一位行业人员的努力和付出。但同时我们也要清醒地认识到，我国的整体养殖水平、养殖现代化与发达国家还存在较大差距，发展空间很大。

当前，规模化养殖企业最紧缺的不是资金，而是养殖人才，尤其是高端的养殖人才。传统的家禽养殖模式，培养一个成熟的养殖技术人员，一般需要 30 批次以上的饲养经验。我们需要把传统养殖从观察型、经验型、试错型逐步发展为数字化、网络化、智能化，这就需要从业人员能够快速地掌握肉鸡养殖技术和智能化装备使用技术。

为此，我们编撰了《优质肉鸡高效安全养殖技术丛书》，本书为第三册《肉鸡养殖与智能装备》。第一章介绍了我国肉鸡养殖的现状和发展历程。第二章讲述了平养养殖的发展历程，并重点介绍高效平养养殖模式。第三章讲述立体养殖的发展历程，并简述了其发展趋势。第四章重点讲述目前在市场上存在的立体养殖的主要装备，并介绍了原理、使用方法等。第五章、第六章详细介绍了笼养饲养工艺的各个环节，并解读了养殖云服务，以及对养殖的促进作用。第七章就目前存在的生物安全问题提出了一系列科学的防护措施。

本书作为优质肉鸡高效安全养殖技术丛书之一，内容新颖，技术先进，具有一定的前瞻性，适合养殖行业生产技术人员学习、参考。

编　者

2023 年 6 月

目 录

第一章 肉鸡养殖概述 ………………………………………………………………… 1

第二章 平养养殖的发展 ………………………………………………………………… 5

    第一节 肉鸡平养养殖的现状与趋势 ……………………………………………… 5

    第二节 高效平养养殖模式 ………………………………………………………… 7

第三章 立体养殖的发展 ……………………………………………………………… 18

    第一节 肉鸡立体养殖的发展历程与现状 ………………………………………… 18

    第二节 国内肉鸡立体养殖趋势 …………………………………………………… 20

第四章 立体养殖装备 ………………………………………………………………… 22

    第一节 立体笼具 …………………………………………………………………… 22

    第二节 环境控制设备 ……………………………………………………………… 35

    第三节 饲喂设备 …………………………………………………………………… 74

第五章 立体养殖工艺流程 …………………………………………………………… 91

    第一节 育雏流程 …………………………………………………………………… 91

    第二节 生产管理流程 ……………………………………………………………… 96

    第三节 空栏管理流程(含设备维护) …………………………………………… 103

第六章 养殖云服务 …………………………………………………………………… 116

    第一节 养殖信息化的现状 ………………………………………………………… 116

    第二节 养殖云服务的目标 ………………………………………………………… 118

    第三节 养殖云服务的实现方法 …………………………………………………… 119

第七章 养殖场生物安全体系建设 …………………………………………………… 129

    第一节 生物安全在养殖场中的重要性 …………………………………………… 129

    第二节 养殖场空气质量对家禽健康的影响 ……………………………………… 132

    第三节 养殖场空气中微生物分布 ………………………………………………… 140

    第四节 养殖场生物安全体系建设措施 …………………………………………… 148

附录 禽舍内空气颗粒物采样技术规范 ……………………………………………… 153

参考文献 ……………………………………………………………………………… 156

第一章

肉鸡养殖概述

●**导读**

　　本章介绍我国肉鸡养殖和肉鸡养殖设备的发展历程,其中肉鸡养殖设备包含平养设备、网养设备和立体养殖设备;简要介绍立体养殖设备相对平养设备和网养设备的优势,以及立体养殖的管理要点及总体要求。

一、我国肉鸡养殖现状

　　目前我国家禽养殖仍然存在养殖效益低下、疫病问题突出、环境污染严重、设施设备落后的问题,2012 年国务院办公厅颁发的《国家中长期动物疫病防治规划(2012—2020年)》中指出疫病防治的指导思想是"预防为主",而加强养殖设备的研发,是改善家禽饲养环境和预防疫病的重要措施。研发养殖设备就是要解决国外设备价格太高和售后不及时、国内养殖设备自动化程度不高的问题,满足大中型养殖公司的需求,力争所有设备国产化并自主可控。

　　《中国禽业发展报告》显示,2022 年我国白羽肉鸡出栏量为 60.9 亿只,按每栋舍饲养 5万只,每年可饲养 6 批计算,共约 2 万栋白羽肉鸡舍;养殖设备的平均寿命约为 10 年,即每年约有 2 000 栋鸡舍的改造任务,约有 20 亿的市场容量;另外,还有大量的养殖设备需要升级换代,因而市场前景广阔,社会效益巨大。

　　随着庭院式养殖向规模化养殖的发展,无论在养殖效率的提高、经济效益的增长,还是在劳动力的解放等方面,设备在其中都起到了至关重要的作用。因此,养殖业的发展,首先是养殖设备的发展。伴随着规模化养殖的发展,也出现了一系列问题,如疫病防治、环境污染等,而这些问题若解决不好,则会直接影响行业的发展。因此,要从养殖设备的角度来考虑规模化养殖中出现的问题。

　　在规模化养殖中,家禽的密度较大,对环境的依赖性也很大(靳传道,2015),若不能提供良好的饲养环境,轻则影响饲养效果,如料肉比高,效益不好;重则会出现大量死亡,更甚者会诱导疫情的暴发。一味地用药物来控制疾病,只会带来更大的疫情,以前出现过的"抗生素"鸡等都是活生生的教训。从养殖环境着手,研究如何在高密度饲养环境下提供适合的饲养环境,是养殖设备要研究的内容。研发人员深入养殖第一线,收集大量的养殖数据,建立数学模型。把建好的数学模型再投入实际养殖中,慢慢地积累经验,反复修改、完成模型,最终投入大规模的实际养殖中,形成一套完整的养殖工程体系。

另一个比较残酷的现状是,现在从事养殖的年轻人越来越少。大多数年轻人宁愿到工厂打工,也不愿到鸡场养鸡,主要有以下几个原因:一是养殖场的地理环境较为偏僻,与外界沟通较少;二是养殖场的环境较差,每天和动物打交道,无法摆脱鸡粪的气味和鸡舍内的粉尘;三是劳动强度大,养殖场的工作主要是体力劳动。

针对目前养殖场的现状,所有的养殖设备厂家都责无旁贷,要用精心设计的养殖设备来解放饲养从业人员。哪个方面是饲养员不愿干的,这个方面就是设备厂家最需要改善的,也是设备厂家最大的机会。只有真正实现设备养鸡,让养鸡成为体面的工作,让更多的人主动从事养殖业,养殖行业才能蓬勃发展。

随着养殖设备越来越多,如何把各设备间的参数发挥到最佳状态,达到理想的饲养效果,最终还是需要人员来完成的。

二、我国肉鸡养殖的发展历程

(一)庭院式养殖

在传统的庭院式养殖中,每只鸡所占的空间较大,即每只鸡所分配的空间资源丰富,因此对环境的要求不高,只要能获得足够多的饲料和水,就能生产出所需的动物蛋白,包括肉和蛋。在庭院式养殖时代,养鸡只是个副业,所饲养的鸡大多是满足自给自足,更注重的是改善生活,因而不看重经济效益,对鸡的成活率和料肉比等参数也不太关注。而且庭院式养殖的鸡的品种大多是地方品种,对细菌、病毒的抵抗能力较强,但饲料转化率偏低,经济性较差。

(二)圈养——小规模养殖

随着养殖规模的逐渐扩大,庭院式养殖走向小规模养殖——圈养。在圈养过程中,饲养的目的是增加经济收入,仍然可以认为是副业,养鸡的收入只是总收入的补充,不是饲养者的全部经济来源,因而投入不是很多,大多利用大棚或废弃的房屋进行饲养。一般在春、秋季气温比较适宜时饲养,在炎热的夏季和寒冷的冬季就不饲养。在饲养过程中只是简单地把鸡集中在一起,部分机械化只是为了减轻劳动强度,但鸡的环境没有得到改善。随着鸡饲养密度的增加,鸡所产生的废气得不到及时排出,所需的新鲜空气也得不到及时补充,因而明显感到鸡很脆弱,容易生病。鸡生病后就用药来治疗,但没有从根本上解决鸡的生存环境,因而药用得越来越多,但病也越来越多,最后就会出现"抗生素"鸡的问题。当用药的成本占饲养成本的一定比例后,养鸡的成本增加,鸡的成活率下降,这种养鸡方式就不赚钱了。一方面市场对鸡肉的需求不断增加,另一方面养鸡又不赚钱,这时养鸡行业的转型升级就很有必要了。

(三)规模化养殖

国外大型养殖公司(如正大集团)在国内规模化饲养的成功起到了很好的示范作用。这

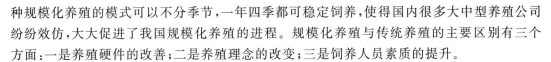

种规模化养殖的模式可以不分季节，一年四季都可稳定饲养，使得国内很多大中型养殖公司纷纷效仿，大大促进了我国规模化养殖的进程。规模化养殖与传统养殖的主要区别有三个方面：一是养殖硬件的改善；二是养殖理念的改变；三是饲养人员素质的提升。

1. 养殖硬件的改善

在转型升级中，养殖硬件的改善是最明显的。首先，专门为不同品种的鸡设计的鸡舍，可保证一年四季都能根据鸡的生长特点，提供适宜的温度、湿度和新鲜空气；其次，根据防疫的要求，鸡场内设置各种消毒设施，把净区和污区、净道和污道分开，提高了鸡场的防疫水平；最后，也是最重要的，就是大量利用专门为满足鸡饲养要求的各种设备。这些专门的设备包括：提供适宜生长环境的加热、加湿、降温、通风换气和照明等设备，自动饲养的喂料、饮水等设备，还有"鸡舍大脑"——环境控制器。这些硬件的改善，大大提高了饲养效率。

2. 养殖理念的改变

在转型升级中，养殖理念的改变是最难的。在大多数人的观念中，养鸡只要把温度保证好就行了，通风换气会带走大量的热量，尤其是冬季通风会增加饲养成本。在这种观念影响下，冬季很少通风，导致鸡舍内氧气不足、废气浓度严重超标，鸡容易生病，甚至死亡，这也是每年冬季鸡病增加的一个原因（靳传道，2014a）。一些固执的从业人员认为冬季鸡不好养一是设备不好，二是鸡苗质量不好，三是药的剂量不够或是药不好，从没有怀疑自己多年的养殖经验有问题。我们在介绍依爱养殖理念时，遇到很多养殖企业老板的抵触，他们不理解温度与最小通风量需要分开独立控制，哪怕温度再低也要保证最小通风量，让鸡有足够的氧气。温度低是因为加热能力不够，需要增大加热能力，但很多老板认为增大加热能力是浪费能量。很多企业因为这个理念交了昂贵的学费，有的企业从养殖业消失了，也有的企业幡然悔悟后重新振作起来。

3. 饲养人员素质的提升

在这次转型升级中，饲养人员素质的提升是被逼的。大量现代化养殖设备的使用，一方面提高了养殖效率，另一方面大大减少了饲养人员；同时也带来了一个问题，即严重缺乏懂设备的人来管理设备。而要真正实现我们一直倡导的"人管设备，设备养鸡，鸡来养人"的良性循环，必须要有懂设备的人。原来只知道肩扛饲料袋、担水的苦力劳动已不能适应现代化的养鸡场了，需要懂技术的人员进入养鸡行业，不然这些现代化的设备也无用武之地。

由于我国保护耕地政策的影响，家禽饲养所需的土地越来越紧张，利用智能化的立体养殖装备使得相同土地面积上的饲养量大大增加，有效地解决了有实力养殖企业的发展受限于土地的瓶颈，也为国家节省了大量的土地。

随着我国肉鸡生产养殖模式的发展，新形势对新的养鸡装备、福利化设施装备以及鸡舍环境控制技术提出了新要求。

30多年来，随着养鸡业工业化、集约化程度的不断提高，我国肉鸡养殖设备以及相关环境调控技术已取得了一些成就，例如乳头饮水技术、自动喂料技术、湿帘蒸发降温技术、养殖用大风机及纵向通风技术、福利化健康养殖技术等。但是根据目前我国的营养需求和生活需要，市场对相应的家禽养殖工艺及其配套建筑设施、环境控制技术设备和饲养设备等发展不断提出新要求，而且新的养殖工艺模式更加符合鸡的生理行为需求，有利于家禽健康水平以及生产性能指标的提高。

随着物联网和通信技术的快速发展，为适应这些新技术的应用，养鸡业也出现了计算机终端、远程控制、云服务和手机 App 等概念,这些高科技的引入和养殖设备的配合,更方便了肉鸡养殖。

综上,如何进一步加强养鸡工程工艺、环境调控、粪污处理与利用、养鸡设施与设备等各个方面的研究与开发,发展集约化养殖业,对于提高养鸡业整体科技水平,确保我国养鸡业健康持续发展具有重要意义。

第二章

平养养殖的发展

●导读

　　总体来说,我国家禽养殖业的特点表现在以下几个方面:小规模大群体产业模式仍占重要地位,现代化养殖模式正在兴起;生产条件因陋就简,设备设施差异大,总体投入不足;生产效率与生产水平参差不齐,总体效率和水平较低。因此,我国将在很长一段时间内保持很大比例的平养养殖模式,同时随着国内外养殖企业的创新,平养养殖模式会继续创新、发展。

第一节　肉鸡平养养殖的现状与趋势

　　我国规模化的肉鸡养殖开始于 20 世纪 80 年代至 90 年代中期,按照发展的历程,饲养模式可大体分为地面平养、网上平养、立体笼养 3 个。

　　在发展初期,主要以小规模的散户为主,采用地面垫料平养的模式。这种养殖模式,简便、易行、投资少。目前,国内的地面平养模式依然存在,但是比例已经非常小,并且在单栋或单场的养殖规模上,已经有了巨大的飞跃,不可同日而语。这种模式一般在非常重视动物福利的企业中使用,如图 2-1-1 所示。

　　平养对鸡舍的要求较低,在舍内地面上铺 5～10 cm 厚的垫料,定期打扫更换即可;或用 15 cm 厚的垫料,1 个饲养周期更换 1 次。地面平养鸡舍地面最好为混凝土结构;在土壤为干燥多孔沙质土的地区,也可用泥土地作为鸡舍地面。地面平养的优点是设备简单、成本低、胸囊肿及腿病发病率低;缺点是需要大量垫料、占地面积多、使用过的垫料难于处理且常常成为传染源、易诱发鸡白痢杆菌病及球虫病,以及劳动强度大、房舍面积利用率低、环境污染严重等。

图 2-1-1　地面平养鸡舍

　　20 世纪 90 年代后期,网上平养开始出现。与地面平养相比,网上平养基本可避免鸡群与粪便的直接接触,减少了肉鸡感染细菌、病毒及寄生虫的机会,从而提高了成活率和出栏率。网上平养是 20 多年来国内肉鸡养殖的主要模式,如图 2-1-2 所示。

图 2-1-2　网上平养鸡舍

　　网上平养的设备是在鸡舍内饲养区全部铺上离地面高约 60 cm 的金属网或木、竹栅条,或在用钢筋支撑的金属地板网上再铺 1 层弹性塑料网,也可以使用定做的塑料地板铺设。这种模式有利于充分利用育雏设备和加快肉鸡后期的发育。鸡粪落入网下,减少了消化道病菌感染,尤其对球虫病的控制有显著效果。木、竹栅条平养和弹性塑料网平养,胸囊肿的发生率可明显减少。这种模式虽然克服了地面平养环境污染重的缺点,但对房舍面积的利用率更低,同时设备成本较高。在个别地区,散户和中小型养殖小区,仍然以此种模式为主。

　　近年来,受到立体养殖模式的冲击,新增平养鸡舍逐步减少,但从长期来看,平养模式仍将占据很重要的地位。主要原因有如下4个方面：

①平养仍旧是最简单方便的饲养模式，起步门槛低，对生产人员要求也较低。在一些地区仍有较强的优势。

②鸡舍环境控制水平有了提升，降低了球虫病等疾病的侵扰，整体饲养效果稳定可控。

③国外在经历笼养发展后，在动物福利等因素的影响下，采用的依旧是平养，因此我国也可能会有这个过程。

④目前，国内主要肉鸡养殖企业中，平养设备还有一部分的保有量。

第二节　高效平养养殖模式

一、概述

高效平养养殖模式是未来国内肉鸡养殖模式的一种发展方向。与其他饲养模式相比，高效平养养殖模式具有提高房屋土地利用率、降低饲养成本、有效提高劳动生产率、利于网络智能监控等优点。

高效平养养殖模式目前已应用于国内多个地区，包括东北地区、华北地区、华东地区等，在该模式下，肉鸡饲养已取得了不俗的成绩。

二、高效平养养殖场的场区建设

(一)场区选址

场区选址首先应符合当地土地利用发展规划和村镇建设发展规划的要求，其次应符合环境保护的要求。满足规划和环保要求后，才能综合考虑拟建场地的自然条件(包括地势、地形、土质、水源、气候条件等)、社会条件(包括水、电、交通等)和卫生防疫条件。场址应选在地势平坦、干燥处，位于居民区及公共建筑群下风向，不能选择山谷洼地等易受洪涝威胁地段和环境污染严重区(党启峰和李俊峰，2018)。场区应尽可能用非耕地，在丘陵山地建场要选择向阳坡。土壤质量符合国家标准(GB 15618—2018)的规定，满足建设工程需要的水文地质和工程地质条件，同时要求选址区域水源充足，取用方便，便于保护。某项目场区的选址布局如图 2-2-1 所示。

在场区选址过程中，卫生防疫条件十分重要。卫生防疫条件的好坏是肉鸡饲养成败的关键因素之一。场区选址应远离畜牧兽医站、畜牧场、集贸市场、屠宰场，在保证生物安全的前提下，应选在交通方便的地方，但与交通主干线及村庄的距离要大于 1 000 m，与次级公路的距离保持在 100～200 m，以满足卫生防疫的要求。

(二)场区规划和布局

鸡场规划的原则是在满足卫生防疫等条件下，建筑紧凑。在节约土地、满足当前生产需要的同时，要综合考虑将来扩建和改建的可能性。

鸡场可分成管理区、生产区和隔离区。各功能区应界限分明，联系方便。

图 2-2-1 某项目场区的选址布局

管理区与生产区之间要设大门、消毒池和消毒室。管理区设在场区常年主导风上风向处及地势较高处,主要包括办公设施及与外界接触密切的生产辅助设施,设大门,并设消毒池。某场区的布局规划如图 2-2-2 所示。

图 2-2-2 某场区的布局规划

生产区可以分成几个小区,它们之间的距离在 300 m 以上。每个小区内可以有若干栋鸡舍,要综合考虑鸡舍间防疫、排污、防火和主导风向与鸡舍间的夹角等因素,鸡舍间距离为鸡舍高度的 3～5 倍。

隔离区设在场区下风向处及地势较低处,主要包括兽医室、隔离鸡舍等。为防止相互污染,与外界接触要有专门的道路相通。

场区绿化是鸡场规划建设的重要内容,要结合区与区之间、舍与舍之间的距离、遮阴及防风等需要进行设计(蔡蕊和高广尧,2001)。可根据当地实际种植能美化环境、净化空气的树种和花草,但不宜种植有毒或产生飞絮的植物。

三、高效平养养殖模式的设计要求

(一)饲喂系统设计要求

在高效平养模式下,由于肉鸡饲养密度的增大,肉鸡的采食量、饮水量也相应增加。在设计饲喂系统时,要结合肉鸡实际采食与饮水的情况,优化饲喂方案设计,以满足肉鸡生长需求。

1. 喂料系统

肉鸡健康成长的关键因素之一是能均匀地吃到料盘里的饲料,获得足够多的营养。肉鸡在采食时,需有足够的采食空间,如果没有足够的采食空间,鸡群的生长速度将会受到抑制,并且会影响鸡群的均匀度。合理优化饲料的分配及料盘与鸡只的距离是保证鸡只吃到足够饲料的关键,应为鸡群提供足量且营养平衡的饲料并尽量减少对饲料的浪费,以期获得最佳生长率、饲料转化率和成活率。

肉鸡喂料时选用14位肉鸡料盘,单套料盘饲养量可达30～60只白羽肉鸡,根据单栋舍肉鸡的饲养量,配置相应的料盘数量。

喂料系统采用直线螺旋绞龙式,可通过检测装置实现自动开关功能。配置电动升降绞盘,可实现料线自动升降功能,有效提高工作效率。

2. 供料系统

根据单栋舍肉鸡的饲养量及单只鸡每日的最大采食量,配置的料塔可贮存单栋舍全部肉鸡3天最大采食量的饲料量。主供料线可采用直径为90～125 mm管线,以提高供料速度。

从场外料塔集中供料,料车不进入生产区内部,确保整个养殖场生物防疫需求。

3. 饮水系统

水是影响身体各功能的重要物质,鸡只身体的65%～78%是由水分组成的。温度、湿度、饲料营养、体重增长等因素都会对鸡只的饮水产生影响。若鸡群的饮水量下降,则应检查鸡群的健康状况以及环境、管理方法等是否出现问题。

饮水系统有"圆管＋球阀饮水器"和"方管＋锥阀饮水器"供选择,调压装置需满足不同日龄肉鸡的饮水要求。水线分2区,可独立供水、升降,以满足分批次出鸡的操作要求。根据实际要求,饮水系统可增加过滤、加药器。

(二)通风系统设计要求

1. 横向通风(最小通风)

冬季饲养时,通过横向风机或屋顶风机将鸡舍内的废气排出舍外,并通过进风窗将舍外的新鲜空气吸入舍内,来实现横向(最小)通风的过程。横向通风工艺图如图 2-2-3所示。横向通风的优势如下:

①保证鸡舍进风的均匀性。

②冬季室外的冷空气进入屋顶,与屋顶的空气混合后,可减少冷风对小鸡造成的应激。

图 2-2-3 横向通风工艺图

③进风窗驱动控制采用分段控制的方式,保证了前、后端进气量的一致性,使新鲜空气能够均匀散布到鸡舍的每个角落,确保温度场的均匀性。

2. 纵向通风

纵向通风工艺图如图 2-2-4所示。夏季饲养时,采用纵向通风模式,用纵向风机、湿帘和进风口组合通风。当鸡舍内部温度不能降低到目标温度时,利用风冷效应的原理,加大空气流动的速度,当一定的风速吹过鸡体时,带走鸡只产生的热量可以使鸡只感受到的温度(又称体感温度)低于温度计显示的温度(黄炎坤等,2016)。若温度还高于鸡只要求温度,可采

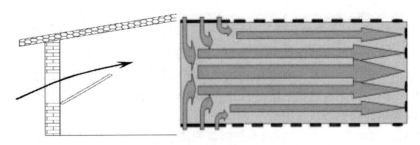

图 2-2-4　纵向通风工艺图

用湿帘来加大水流过的蒸发面积，吸收空气的热量，从而达到降温的效果。在炎热的夏季，在设计宽度较大鸡舍的水帘时，要以鸡舍端墙布局为主，两侧布局为辅。

纵向通风的注意事项如下。

①纵向通风时要注意端墙、两侧墙水帘及进风口门板的开启：以端墙进风口为主，两侧为辅。开启时首先要避免进入鸡舍内的风直接吹向鸡群，造成局部鸡群应激；其次要掌握好进风口的风速，风速过高、负压过大，会造成鸡舍内部通风缺氧(王晓君和靳传道，2018)。若配置喷雾系统进行降温，则要注意雾滴不能下落到鸡只身上。

②湿帘泵关闭的时间比开启的时间重要。待水帘纸全部干燥后再开启水泵给水，要让水帘一直处于渐干渐湿的循环中，以达到水蒸气从水帘纸表面蒸发的最佳效果。一旦达到露点，水就不再蒸发，因此，温度不会再下降，而相对湿度会增加。不要为了降低干球温度而使相对湿度升得太高。

3. 过渡通风

春、秋季采用过渡通风模式，又称混合通风模式，在最小通风量不能满足鸡只需要，而温度又在慢慢升高时，为确保鸡舍每 5 min 换 1 次气，且不需要太高风速的情况下使用，即当侧墙的风机全部开启后仍不能满足鸡群的需要时，就需要开启纵向风机。混合通风时，侧墙两边的进风窗都要打开，如果一半数量的纵向风机开启后，还不能达到鸡群对环境的需求，要关闭所有进风窗，过渡到夏季纵向通风。过渡通风工艺图如图 2-2-5 所示。

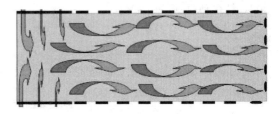

图 2-2-5　过渡通风工艺图

4. 通风配套设备的设计要求

(1)进风口系统

进风口整体布局采用端墙加两侧墙布局方式，配合控制器的自动控制完成纵向通风过程。进风口安装效果如图 2-2-6 所示。

进风口安装在鸡舍内通风口处，在低温季节能有效阻挡冷空气进入鸡舍；高温季节改变进风口的大小，能有效控制进风风速和方向。进风口内芯板材质是高密度聚氨酯或苯板，冬季具有良好的保温性，以保证鸡舍内部温度。进风口可设计单开或上、中、下多层打开的结构形式。进风口具有良好的开、关一致性，以保证鸡舍良好的密封性，确保饲养过程中鸡舍不漏风(靳传道，2016)。

(2)湿帘系统

湿帘的设计主要考虑夏季纵向通风的通风降温效果，整体布局采用端墙加两侧墙的方

图 2-2-6 侧墙进风口安装效果图

式,配合控制器的自动控制完成纵向通风过程。

湿帘系统的设计特点如下。

①厚度为 150 mm 的湿帘的过帘风速为 1.5～2.0 m/s。

②湿帘框架采用铝合金材质,外形美观,耐腐蚀,强度较好,安装后布水均匀,结构紧凑,无漏水现象。

③供水量要求每平方米湿帘顶部面积需 60 kg/min,可用循环水,水箱或水池的容积为湿帘体积的 1/6。

(3)喷雾系统

喷雾系统主要为鸡舍的消毒、夏季的降温、育雏的加湿提供帮助(靳传道,2016)。最好使用铜喷头,每个喷头间隔 3 m,相邻喷雾线互相错位布局,保证喷雾的均匀性。同时喷雾采用分段控制的方式,满足不同环境使用下的控制需求,生产操作更灵活。

喷雾系统的进水采用多级过滤装置,过滤目数从大到小为 50 μm、20 μm、10 μm、5 μm,保证进水水质要求,不容易堵喷头。

(4)加热系统

安装加热系统要考虑国家对环保的要求,建议采用燃气箱式热风炉形式。箱式热风炉采用两侧对称布局的方式,往中间吹热风,配合顶部的循环风机进行搅拌气流混合,来实现鸡舍的供热。根据各地区能源的经济性,可选用燃油热风炉、燃气热风炉(天然气和液化气)、燃煤热风炉等。

四、高效平养养殖模式的工艺流程

(一)饲养前的准备工作

1. 设备的检修

检修所有设备,包括供电设备、供水设备、供料设备、通风设备、加热设备、照明设备、水帘、自动控制系统、报警设备等,并做好保养及试运行工作,保证这些设备在饲养期内都能正常运行,使设备处于正常的工作状态,同时确保鸡舍内部良好的密封性。

2. 全场消毒

场区及鸡舍内部设备需进行严格的防疫和消毒。

3. 垫料管理

选用的垫料(如稻壳)应疏松、干净卫生、低尘、无污染。一般情况下,铺设垫料厚度至少为

5 cm,冬季和夏季略厚一些,春季和秋季略薄一些,垫料铺设需均匀。垫料铺设完成后,饲养人员开始做消毒准备。消毒时为使喷出的甲醛溶液呈雾滴状,手持喷枪需不停地甩动,以舍顶、墙壁、地面和所有用具均匀喷湿为宜,消毒后,鸡舍需封闭,此时,舍内温度需保持在 30 ℃以上。

在封闭 48 h 以后,打开鸡舍门窗和风机进行通风,排出鸡舍内的甲醛气体。因晚上空气湿度大,不利于除湿,故通风时间尽可能选择在白天。当舍温降至 30 ℃以下时,关闭风机和进风口,对鸡舍进行封闭升温,温度达到 35 ℃时再次对鸡舍进行通风。如此反复操作数次,直到舍温在 35 ℃时,在鸡舍内部几乎闻不到甲醛气味才能停止操作。每天在温度比较高时通风,以保持垫料干燥。

(二)育雏流程

1. 生产安排

①操作间、走道等处物品摆放整齐,地面清洁并消毒;给门前脚踏消毒盆配制好消毒液。

②将料线降至最低,大部分喂料线的重量由地面承受,但是不要去除悬挂系统上所有的重量,以免吊绳松弛。

③将水线调至适当高度,接水盘底部距离垫料 2～5 cm,确保雏鸡能喝到水。

④根据育雏鸡的数量,用 50 cm 高的隔栏网将育雏区域分成若干个栏,固定隔栏网。

⑤将开食盘平均分成若干等份,分别摆放到每个育雏栏内。

2. 接雏

①运雏鸡的车需经过严格的消毒、清洗;保持车内良好的通风和温度,在尽量短的时间内将雏鸡运到鸡场。

②核实雏鸡的数量,根据实际数量,尽快将雏鸡移出运雏车,并按正确的数量将雏鸡平均放置于围栏内。

③抽样检查,称重并做好相关方面的记录。

④在供料前让雏鸡饮水 1～2 h,这样会减轻雏鸡脱水并有助于雏鸡吃料后能快速吸收营养成分。

⑤在加温开始时就进行最小通风,将舍内废气和过量的水汽排出鸡舍。将漏风处密封,避免冷风直吹雏鸡。看鸡施温,要观察鸡群的分布状态,不能只看温度计。

3. 饲养操作

①光照时间和光照强度根据 7 日龄雏鸡体重情况灵活调整。

②从开始预温时,就把湿度探头校正好,整个饲养期的相对湿度控制在 60%左右,波动幅度在目标湿度的±5%范围内。探头位置要远离风口和料线管。

③从预温开始时,就把温度探头校正好。探头高度至鸡背高度为宜,要求避开热源和排风扇。育雏期,保证温度均匀,根据鸡群分布,灵活调节 3 日龄前温度。

4. 扩栏

随着鸡群的不断成长,生长空间变小,需对鸡群扩栏饲养。扩栏时动作应尽量轻,以减少对鸡群的应激。

①扩栏前准备。外界气温低时,要先在扩群处挂 1 层塑料布,以保持舍内温度。打开热风管开口,待扩群区温度达到所需温度时,开始扩群。根据鸡群的大小和实际数量的多少,适当分配好栏数。

②扩栏操作。如果气候适宜,移去中间布,将围栏移到扩围处,让鸡群自由跑到扩围区。

如果外界温度低,将中间布移至扩围处塑料布附近,共悬挂2层中间布。让鸡群自由跑到扩围区,根据鸡群密度调整围栏的大小。

(三)饲养管理

饲养过程中,为了取得良好的饲养成绩,要确保所用设备在饲养期间能正常运转;要保证鸡舍供暖与通风相平衡;要确保雏鸡能正常采食饮水,最大限度地生长发育;要给肉鸡提供良好的环境,确保成活率、生长率和料肉比达到最高水平。

1. 温度控制

初生雏鸡体温在39.4～41.1℃,体重在32～42g,保温能力差,采食量少,利用能量产热的能力差。如果鸡舍环境温度控制不当,比如低于最适温度,雏鸡吃料增加、产热增加,即鸡的代谢需要增加、饲料转化率降低、需氧量增加;反之,环境温度高于最适温度,雏鸡吃料减少、喝水多、呼吸加快,严重时发病死亡。随着雏鸡日龄增加,雏鸡进食量增加,体重不断增加,羽毛保温能力和利用体内能量产热的能力不断增强。28日龄后,羽毛开始长齐,体温调节机制开始健全,逐渐适应外界环境。

肉鸡的适宜温度受体重、通风量(风速)、采食量、相对湿度和环境温度的影响。体感温度取决于温度、相对湿度和鸡舍截面风速。

舍内温度探头将采集的数据传给控制器,根据与目标温度的对比,启动相应的加热、通风、降温等设备,来控制鸡舍内的温度,让其处于适宜鸡只生长的状态。可根据各区的目标温度实现分区控制加热。

鸡舍内的探头要均匀布置,探头位置要求布置在远离热源、与鸡背平行的位置,探头的高度随着鸡的长大,要及时调整。

温度控制要看鸡群的分布状态,不能只看温度计。合理布控加热、降温设备,调节风机自动控制,使舍内温度稳定均匀。温度控制不能忽高忽低,避免对鸡产生应激。

2. 湿度控制

适宜的湿度能使舍内温度更加均匀,防止鸡只脱水,有利于鸡只羽毛的生长、换羽和保温,并在一定程度上防止呼吸道疾病、球虫病和脚病的发生。鸡舍内的相对湿度应控制在45%～65%。相对湿度低于45%会使鸡的呼吸系统受到刺激而引起不适,超过75%会引起呼吸困难和削弱心血管系统传递氧气的能力。

相对湿度是空气的含水量与空气携带水分能力的比例。换言之,相对湿度表示在某一温度条件下空气携带的水分,某一定量的空气在加热后其可以携带水分的能力就会增强。因此,当温度升高时,相对湿度就会下降。

当相对湿度升高时,鸡只通过蒸发散发热量的能力就会下降,高湿与高温(例如:35℃,90%的相对湿度)相结合特别容易使鸡群出现问题,如果不能及时散热,鸡只调节体温的能力和维持正常生理功能的能力都会受到影响。

相对湿度低时,可通过喷雾循环定时启停,增加湿度;相对湿度高时,可考虑增加通风量来降低湿度。

3. 通风管理

根据上文所说的通风设计标准,分为最小通风、过渡通风和纵向通风3个阶段来进行通风管理,这里不做详述。

4. 光照管理

光照是肉鸡饲养管理的重要部分,也是取得肉鸡饲养最大效益的基本条件之一。控制光照强度和光照时间是为了防止 7～21 日龄肉鸡生长速度过快。通过调节光照强度,能够减少腹水、腿病等问题引起的死亡。光照强度、分布、颜色和时间都会影响肉鸡的生长性能。在育雏阶段,合适的光照设置和分布可以帮助雏鸡更容易地找到水、饲料和舒适的地方。在生长阶段,可以通过调节光照强度来调节体重增长速度,帮助肉鸡取得最理想的生长效率。

注意事项:

①在每个 24 h 周期内,使用单一阶段的闭灯期;

②闭灯期应在夜间,以保证闭灯期的绝对黑暗;

③光照程序的重点在于控制 7～21 日龄肉鸡的体重增长,以提高后期的补偿性增长;

④7 日龄免疫结束后,闭灯时间相应延长。

5. 饲喂管理

(1)喂料管理

①喂料要求。不同日龄下的料线高度见表 2-2-1,供参考。

表 2-2-1　不同日龄下的料线高度

序号	日龄/d	料线高度(从地面到料盘上沿)/cm	料帽高度
1	0～11	5.0	与料盘上沿平行
2	12～15	7.0	
3	16～20	9.0	
4	21～24	10	在料盘上沿的 2/3 处
5	25～28	11	
6	29～32	12	
7	33～35	13	
8	36～38	14	
9	38 至出栏	15	

注:饲养过程中料线高度要根据鸡群情况灵活调整。

②肉鸡日常喂料注意事项,具体如下:

刚开始使用料盘喂料时,应观察鸡群的采食情况,若部分鸡群不习惯用料盘采食,须人工将鸡引到料盘处,熟悉采食情况。

育雏期间,为了使雏鸡能够第一时间找到饲料,一般在料盘周围或是饮水器、料盘之间放置开食纸或开食盘,以保证鸡群第一时间采食;从第三天开始可陆续撤掉开食纸和部分开食盘。

因大部分肉鸡基本上不限料量,所以应尽量少食多餐,让鸡群尽可能地吃完料盘中的饲料后再喂料,这样可以减少饲料的浪费。

启用喂料系统时,需要人员沿喂料线走动,驱赶冲向料盘的鸡群,防止因抢食而拥挤;或者可以提升料线远离鸡群,待打料完成后,再小心地放下料线。

(2)饮水管理

①饮水要求,包括水质和水温的要求。

a. 水质要求。鸡群的饮水应该符合人类的饮水标准,具体水质要求指标见表 2-2-2,供参考。

表 2-2-2 水质要求指标

污染物、矿物或离子含量	平均水平	最大可接受水平
总细菌数	0	100 CFU/mL
大肠杆菌数	0	50 CFU/mL
酸碱度(pH)	6.8～7.5	6.0～8.0
总硬度	60～180 mg/L	110 mg/L
氯(Cl)	14 mg/L	250 mg/L
铜(Cu)	0.002 mg/L	0.6 mg/L
铁(Fe)	0.2 mg/L	0.3 mg/L
铅(Pb)	0	0.02 mg/L
锰(Mn)	14 mg/L	125 mg/L
硝酸盐	10 mg/L	25 mg/L
硫酸盐	125 mg/L	250 mg/L
锌(Zn)	0	1.5 mg/L
钠(Na)	32 mg/L	50 mg/L

b. 水温要求。为了保持鸡群合适的饮水量,水温应该保持在 10～14 ℃,见表 2-2-3,供参考。

表 2-2-3 水温要求

饮水温度/℃	饮水量
<5	太冷,鸡群饮水量下降
10～14	理想水温
>30	太热,鸡群饮水量下降
44	鸡群停止饮水

c. 水线高度要求。不同日龄下的水线高度(乳头距地面高度)要求见表 2-2-4,供参考。

表 2-2-4 水线高度要求

日龄/d	1	3	5	7	9	11	13	15	17	19	21	23	25	27	29	31	35	37	39	41	43
水线高度/cm	8	11	13	15	17	19	21	23	25	27	29	30	31	32	33	34	35	36	37	38	39

d. 水压要求。不同周龄水线水压指示要求见表 2-2-5,供参考。

表 2-2-5 水压指示要求

周龄	水压指示高度/cm
1 日龄到 1 周龄	5～10
1～2 周龄	10～20
2～4 周龄	20～30
4 周龄以上	30～40

②饮水注意事项,具体如下:

a. 定期反冲、清洗水线,可给生产管理带来很大方便。冲洗前,检查水管及饮水器,防止冲洗时漏水。

b. 每条水线冲洗时间不低于 20 min,每周冲洗 1 次;加完药 2 h 后,必须冲洗水线;进水处的过滤器要每 2 天冲洗 1 次,滤芯要经常清洗更换,保证水质干净达标和进入水线的水量充足。

c. 水线浸泡清洗。若使用药物频率过高或用中药进行喂药时,要定期对饮水管进行浸泡,将浸泡药水通过水线反冲模式快速通过加药器加入饮水管内,确保鸡舍内整条水线管都充满药液,并浸泡 8～10 h,第 2 天用清水冲净饮水管内的药液。水线的浸泡清洗要求在夜间操作,并须提升水线,使鸡抬头无法喝到水。

五、智能养殖

(一)养殖场信息化建设

鸡舍环境控制器连接 AIO(全称 all in one,即一体)智能网关,AIO 智能网关通过路由器或交换机组成场内局域网,通过上层网络出口设备(路由器或防火墙)映射到公网上,实现与总部服务器的连接。为了实现公网映射,场内接入的宽带必须是具有固定 IP 的专用网络。AIO 系统架构如图 2-2-7 所示。

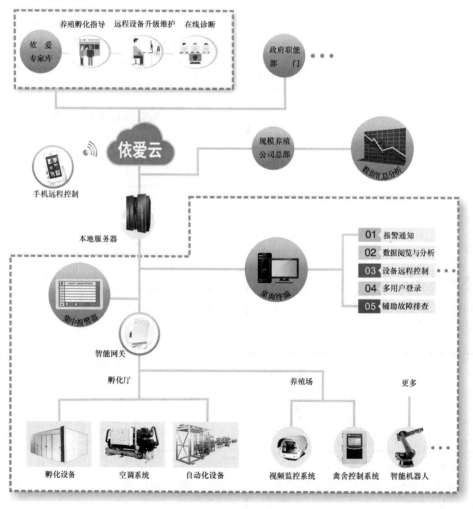

图 2-2-7　AIO 系统架构

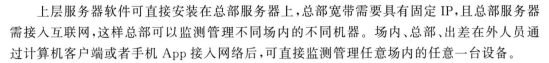

上层服务器软件可直接安装在总部服务器上,总部宽带需要具有固定 IP,且总部服务器需接入互联网,这样总部可以监测管理不同场内的不同机器。场内、总部、出差在外人员通过计算机客户端或者手机 App 接入网络后,可直接监测管理任意场内的任意一台设备。

(二)养殖场网络视频监控

人们对高品质食物的需求日趋强烈,加上网络信息化飞速发展,在给养殖业带来全新发展机遇的同时,也给传统的养殖业主带来了严峻挑战。

一般而言,养殖场大多建在远离市区的地方,大型养殖集团的养殖场可能不在同一个城市,这给鸡场的管理带来很大的不便。在养殖平台的帮助下,管理者可根据生产需要,邀请专家通过平台对养殖场提供远程指导和诊疗,并监控饲养效果。一套平台具有多种功能,在降低管理成本的同时,提高了管理效率,还提升了养殖场的品牌内涵。

养殖场网络视频监控系统整体架构如图 2-2-8 所示。图中 LAN 全称为 local area network,即局域网;ADSL 全称为 asymmetric digital subscriber line,即非对称数字用户线。二者放在一起,即 LAN/ADSL,表示局域网通过 ADSL 接入互联网。

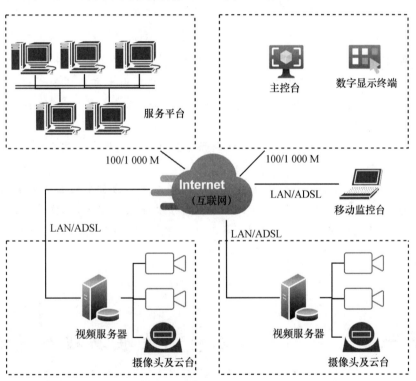

图 2-2-8 视频监控系统整体架构

第三章

立体养殖的发展

● **导读**

　　在国内,最早于2006年大成食品(大连)有限公司第一次引进国外层叠式H型肉鸡笼养模式,2009年山西大象农牧集团有限公司开始推广国内生产的层叠式H型肉鸡笼养设备。国外产品一般技术较为成熟,工艺性和外观较好,但多数笼体较矮,仅适用2.0 kg以内的肉鸡,不适用大块肉鸡后期的饲养;功能较多,价格较高。国内同类产品,技术较落后,工艺性和外观都较差,系统配套不能达到预期目标。国内设备厂家在设备整体配套方面较为落后。

　　立体养殖改变国内普遍应用的地面平养或网架上散养为层叠式立体式笼内养殖,提高养殖密度2～4倍,从而提高了土地利用率。由于整体优点突出,立体养殖逐步呈现出很多方式,一般可从肉鸡笼具结构形式、层数、成本投入、设备性能、饲养品种等方面进行分类。

第一节　肉鸡立体养殖的发展历程与现状

　　立体笼养模式在白羽肉鸡养殖中的使用推广主要开始于2010年,尤其是最近5年发展迅猛。在短短五六年时间内,肉鸡笼养的设备、工艺不断改进,管理者和养殖者不断探索新的养殖经验,形成了目前较为完整的肉鸡笼养软、硬件参数标准及管理经验。立体养殖是指达到一定的数量规模、拥有自动完善的饲养设施和合理合规的养殖环境,运用先进的饲养技术和规范的经营管理制度,来进行饲养的一种现代化的肉鸡养殖模式。即对一定数量规模的肉鸡采用全自动饲养设备,进行集约化密闭式的饲养,通常采用3层以上的立体设备进行养殖(主要为笼养,部分为立体网养)。肉鸡立体养殖模式近几年在我国北方一些地区日渐

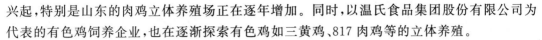

兴起,特别是山东的肉鸡立体养殖场正在逐年增加。同时,以温氏食品集团股份有限公司为代表的有色鸡饲养企业,也在逐渐探索有色鸡如三黄鸡、817肉鸡等的立体养殖。

结合我国特有的国情,立体养殖注定了会快速发展(刘瑞志等,2018)。其核心优点主要有以下4个方面:

①标准化,自动化的养殖设备、机械化的生产操作、科学的饲养管理为肉鸡生长营造了优良的环境。

②规模化,每个养殖场的饲养规模在20万～30万只,单栋饲养2万～4万只,全进全出,实现了养殖数量的规模化。

③集约化,充分利用立体养殖空间,立体养殖空间密度是网上平养的2～4倍。土地、人工、取暖、料比、药剂等费用成本均得到了节省。

④环保可控,鸡粪和养殖所产生的污水,可进行无害化处理,以保证环境的安全。

标准化养殖有利于疾病的控制,远离药物残留;规模化养殖还有利于产品源头追溯,从而保障食品安全。

一、立体养殖的表现形式及特点

肉鸡笼养的发展主要借鉴于蛋鸡的养殖模式,因此肉鸡的笼养设备与蛋鸡非常类似。当下,按照笼具的排列形式,肉鸡笼养模式主要分为阶梯式和层叠式两种类型。

阶梯式笼养为最早的笼养模式,一般为3～4层,根据鸡舍不同的宽度和长度,放置不同的列数和组数。初期,主要为人工喂料、清粪,使用机械化自动通风。随着发展,又相继开发配套了自动喂料系统和机械清粪系统,这种半自动化的操作大大减少了人力需求。但是,这种养殖模式对鸡舍面积的利用度仍然没有达到极致,因此已逐步被层叠式笼养所取代。

层叠式笼养则是在阶梯式笼养的基础上进行的改进,笼具呈层叠状水平排列。相较阶梯式笼具,层叠式笼具不仅进一步提高了单位面积的饲养量,而且提高了规模化养殖的土地利用率和劳动生产效率。层叠式笼养设备一般为3～4层,部分现代化养殖场能达到6层。

按自动化程度,肉鸡笼养又可分为人工型、半自动型和全自动型。就当下而言,人工型已不多见,主要是一些养殖量较小的散户(养殖数量大都在5 000羽以下)使用,其人员年龄偏大,硬件设备都比较老旧。半自动型主要是当下中小规模的养殖场、养殖小区等使用,由于资金不足,当初建场时只保证自动上料和机械清粪、通风。但是这一部分养殖场户的数量,占据了我国肉鸡养殖数量的半壁江山。全自动型适用于经济实力雄厚的大型养殖公司,可基本实现全自动化操作,包括喂料、清粪、通风、保温、光照及出栏等。

二、国内外对立体养殖的态度

目前,世界上肉鸡立体养殖主要在中国,欧美等国出于动物福利和综合效益的考虑,没有成规模发展肉鸡立体养殖。欧美人更喜欢吃鸡胸肉,而肉鸡笼养底网的网状结构对鸡胸有部分伤害。对更重视鸡胸的欧美国家来说,用胸部的健康换取腿部的健康得不偿失,所以欧美国家没有发展立体养殖的动力。在中国,更多的人偏好消费鸡腿、鸡爪。由于肉鸡平养需要垫料,地面垫料和鸡粪混合,鸡只易得球虫病,发病后对鸡腿、鸡爪造成伤害,而肉鸡笼养正好可以弥补平养这一不足。因此,在中国发展肉鸡立体养殖有着较好的支撑力。业界人士分析认为,由于受动物福利的制约,平养模式每只肉鸡的活动范围更大,这恰恰是肉鸡笼养模式的短板所在。目前欧美对动物福利的重视程度较高,肉鸡立体养殖在欧美没有太大发展空间。相比欧洲和中国,美国的土地审批制约条件不多,厂房造价也不高,多建养鸡场并不困难,因此发展肉鸡笼养更缺少支撑力。而在中国和东南亚等国家,发展肉鸡笼养有一定支撑力,因地制宜利用有限的土地资源,提高单位土地面积的载禽量、扩大肉鸡生产规模和提升养鸡水平,更符合当前客观形势要求,具有一定的现实意义。

三、国内立体养殖发展面临的问题和机遇

目前鸡场建设一次性投资偏高,肉鸡笼养设备的市场行情大致为:半自动化层叠式笼养设备 20～25 元/只,国产全自动化 3～4 层层叠式笼养设备 30～40 元/只,进口全自动化层叠式笼养设备 70～80 元/只。建设一个存栏 20 万只的养殖场,不计算其他费用,光设备就需要至少 500 万元,对于一般养殖场来说,投入还是非常高的。

肉鸡笼养,除鸡场建设一次性投资较大外,还需要有非常高的软实力,即管理者要有非常高的管理水平和丰富的养殖经验。而现在的肉鸡养殖状况是,标准化和规模化的肉鸡笼养场不少,真正具有高水平笼养规模化鸡场饲养管理经验的人才较少,这和肉鸡笼养发展的时间短有一定关系。笔者认为,越来越多的年轻人不愿从事家禽养殖业,以后影响将更加严重。

经过近几年的发展,白羽肉鸡笼养模式已经得到肉鸡养殖者的认可。通过提高单位面积的生产能力,可明显节约土地资源;通过自动化设备的使用,可显著提高劳动生产率;通过减少肉鸡与粪便的接触,可降低球虫等肠道性疾病的发生概率,减少药物的使用;通过集约化、规范化的养殖,可提高食品安全水平和肉鸡产品的可信度。肉鸡笼养模式是肉鸡健康养殖的重要保证,在国家政策的影响下,尤其是环保和食品安全方面,国内的很多大型肉鸡养殖企业已经布局,并做出了成功的例子,给肉鸡笼养模式的推广起到了良好的示范带头作用,在今后一段时期内定会得到更好的发展。但肉鸡笼养高密度、集约化的饲养模式中存在的动物福利问题也逐渐引起人们的关注,成为制约肉鸡笼养模式推广的一个重要因素,这需要社会多个部门的共同努力来解决。

对于这样一种新兴的肉鸡养殖模式,虽然国内专家、学者对此养殖模式的相关研究及观点鲜见报道,但是从其发展态势来看,有诸多问题值得引起足够重视。如鸡的活动空间受限运动量小,鸡肉口感差;鸡对环境的依赖性更大;饲养过程中病死鸡更难发现;笼具的死角更多,清洗的难度加大;由于鸡是不同角度重叠的,自动化设备的实施难度大等。在解决诸多门槛问题的基础上挖掘其发展潜力,尤其需要通过自主创新破解核心技术难题。

第二节　国内肉鸡立体养殖趋势

从 2007 年开始,白羽肉鸡养殖行业进入转型升级期。从养殖理念、品种、饲料、设备设施、环境控制等均进行了全方位改造,并开始从平养转向立体笼养,特别是鸡场建设、鸡舍环境控制设施得到了很大的改善,肉鸡生产性能得到了明显提升。如光照、通风、温度的自动

化控制,料线、水线、清粪系统的机械化改造与自动化管理,以及当前的鸡场智能化管理。近年来,在食品安全与环境保护政策的影响下,白羽肉鸡养殖行业的转型升级步伐加大,更加重视精细化管理,推行种养一体化发展,并开始向食品领域延伸。

目前国内立体养殖发展迅猛,主要受如下 4 个方面因素刺激:

①因国家调控影响,养殖用地审批逐步困难。养殖企业获得用地难度增大。立体养殖能够提高单位建筑饲养密度,可以在现有状况下提升产能。

②立体养殖经过多年的发展,鸡场布局方案及建筑方案日趋成熟,设备厂家的设备也逐步完善并控制了成本,整体投入相对平养鸡场逐步缩小差距。

③2009 年以来,我国的人口红利逐步丧失,农村劳动力的劳务费用连年攀高,行业人员的收入水平相对较低,且平养养殖具有脏、累、劳动强度大等特点,严重影响了企业招工和人才引进。而立体养殖在生产管理、工作环境、自动化程度方面要优于平养养殖,且减少了用工荒的风险。

④综合管理费用更低,在饲料、取暖、用药等方面成本更低。

最近几年平养鸡舍逐步被改造为笼养鸡舍,同时在新建肉鸡舍中,有80%以上为立体养殖。而且,不仅白羽肉鸡采用立体养殖,有色鸡品种如 817 肉鸡、三黄鸡等也逐步采用立体养殖。在山东地区饲养的 817 肉鸡目前大多采用 1 m 宽单体笼,一侧喂料一侧抓鸡,一栋鸡舍可布置 6～8 列笼具。有色鸡体型较小,较为活跃,一般配置带风道 0.7～0.8 m 宽笼具;白羽肉鸡各个款型笼具均有配置。

随着科技的进步和养殖业的不断发展,以及食品安全和环境保护要求的提高,简陋的棚舍设施以及落后的饲养方式,会被逐步淘汰出局,取而代之的将是高标准、大规模、现代化的新型养殖模式,实施标准化养殖是大势所趋。

立体养殖符合中国人多地少的国情,随着社会的进步,养殖业的门槛正在逐步提高。立体养殖阶段的到来是衡量现代化养殖的标准,也是肉鸡养殖业的规模化和集约化发展的体现,养殖综合效益会越来越多地显现出来,立体养殖将是肉鸡业发展的必然趋势。自 2010 年起,我国农业部在全国开展畜禽养殖标准化示范创建活动。2010 年,创建 161 家肉鸡标准化示范场。到 2017 年,已累计创建 389 家肉鸡标准化示范场。2018 年,又创建了 9 家肉鸡标准化示范场。示范场带动全国肉鸡标准化规模养殖水平提升,全国肉鸡规模化率如今已超过 79%,远高于其他畜禽品种的规模化率。

预计 5～10 年后,立体化养殖仍将占据肉鸡养殖行业的主流。随着各大养殖企业对立体养殖的认知,居民对鸡肉需求的持续增加,以及集约化养殖发展的趋势,立体养殖将继续发展,有如下 3 个趋势:

①饲养密度继续增大,目前较为主流的笼养多为 3 层,部分有 4 层,后续将向 6 层或 8 层方向发展。

②配套环境控制策略将会继续优化,以解决高密度养殖对环境控制的需求。

③笼具规格将逐步统一,鸡场建设也将逐步一致。

第四章

立体养殖装备

●**导读**

　　立体养殖装备大致可分为立体笼具、环控设备和饲喂设备。立体笼具主要提供鸡只成长的空间，同时提供喂料、饮水、出粪等设施。重点考虑使鸡只在生长、免疫、抓捕过程中保持良好状态，减少对鸡只的应激和伤害；同时笼具的结构设计也影响鸡只的通风条件。环控设备一般包括环境控制器及控制柜，以及它们的执行机构。控制器一般带有检测、分析、处置和通信功能，基本配备有温度、湿度、负压、风速、二氧化碳浓度等传感器，来监测鸡舍内外环境状况。根据鸡舍环境状况，结合饲养鸡只的数量、天数等信息，做出综合判断，发出指令，控制执行机构进行环境控制。执行机构包括风机、进风窗、进风口、湿帘、喷雾、加热器、光照等。饲喂设备作为养殖中最基础的设备，虽然根据不同的养殖方式有不同的变化，但始终占据着很重要的位置。

第一节　立体笼具

　　畜牧业的发展在农业生产中始终处于领先地位，在国民经济发展中也逐渐上升为主业。由此可见，畜牧业在促进农民进一步致富增收方面将起到举足轻重的作用，同时，也要求农民与畜牧业发展的步伐一致，走出传统，创造"现代化"与"可持续"。国家"十三五"畜牧业规划明确规模养殖是现代畜牧业的主要标志，整个畜牧业规模化率由"十二五"末的39.6%达到"十三五"末的60%以上，这给专注于农业机械畜禽养殖装备企业带来了契机，同时也带来了挑战。

　　随着饮食习惯的变化，我国居民对禽肉产品的需求呈增长趋势，家禽养殖产业成了关系国计民生的农业支柱产业。美国人均鸡肉消费每年45 kg，而中国人均只有10 kg左右,全球平均为 12.7 kg。近几年中国养殖业也得到了迅速发展,家禽集约化养殖已初具规模。

立体养殖装备主要用于对鸡舍环境的自动控制,可自动控制鸡舍内通风、温度、湿度、光照、供料、喂料、饮水、笼体(分为蛋种鸡笼、肉鸡笼和商品蛋鸡笼)、清粪、抓鸡(仅肉鸡有)和收蛋(仅蛋种鸡和商品蛋鸡有)等,给鸡提供适宜的生长环境保证鸡的健康成长;提高单位土地面积的饲养量,降低劳动强度,提高生产率。

中国肉鸡笼具起源于国外,但欧美国家肉鸡笼养因受到动物福利的政策限制,其发展也到了一定的瓶颈期,正逐步向国内养殖市场输入。早期采用的国外养殖理念和饲养模式不符合国内肉鸡养殖的国情,且笼具设备投资大、养殖规模小、资金有限、自动化程度不匹配,导致国内肉鸡笼养发展一直很缓慢。随着国内市场经济大环境的快速发展以及人们对美好生活的追求,鸡肉消费已成为人们蛋白质摄取的主要渠道之一,需求市场的扩大也刺激着养殖行业快速发展。

国内笼具在引进中不断改进,先后推出了初级阶段的 A 型笼,可以有效增加饲养量。但随着人们对自动化要求的不断提高,笼具逐步发展到层叠笼具,并逐步达到自动喂料、饮水、出粪的自动化目的,从而最大限度提高饲养量、改善饲养效果。

在此过程中,先是出现了 1.55 m 左右宽度的经济笼,可有效降低投资成本,并能保证良好的通风和操作。再过渡到风道笼,拥有良好的通风效果,可以饲养更大的肉鸡;同时,笼高也不断上升,一般为 450 mm。近几年又出现了笼宽 1 m 左右的单侧喂料笼,兼顾了通风效果和饲养密度,逐步成为主流。

我国地域广大,南北气候迥异,饲养鸡只的种类也不尽相同。因此,不同种类的笼具都有其自身适应性强的优点。按照其理念不同,可大致划分为如下几种:全自动肉鸡笼具、经济型肉鸡笼具、风道型肉鸡笼具和单体肉鸡笼具。

一、全自动肉鸡笼具

全自动肉鸡笼具是用于肉鸡育雏育成、配备除粪传送带的层叠式笼养系统,由机头、机尾、笼体、喂料、饮水、清粪、除粪、环境控制等系统组成。全自动肉鸡笼具改变了国内普遍应用的地面平养或网架上散养肉鸡的方式,为立体式笼内养殖,存栏密度提高了 2～4 倍,显著提高了鸡舍的利用率,节约了土地资源;同时实现了规模化肉鸡养殖的喂料、饮水、清粪、出鸡及环境的自动化控制,大大节省了人力成本及时间。全自动肉鸡笼具解决了规模化肉鸡养殖的自动化难题,对养鸡业实现自动化起着重要作用。全自动肉鸡笼具的推出响应了 2015 年中央一号文件"加快推进规模化、集约化、标准化畜禽养殖"精神,推进了肉鸡养殖业健康安全快速的发展。

目前市场上养殖设备主要规格如下:肉鸡笼宽度最大为 1 820 mm,宽度最小为 1 350 mm,其余笼宽主要集中在 1 500～1 600 mm。笼宽 1 350 mm 肉鸡笼养设备的养殖成本高于笼宽 1 550 mm 的肉鸡笼养设备;笼宽 1 800 mm 肉鸡笼在环境通风控制上劣于笼宽相对小的肉鸡笼养设备。从养殖成本、养殖效果上综合考虑,目前市场上肉鸡笼宽度为 1 500～1 600 mm 与 1 800 mm 的全自动肉鸡笼市场占有率较高。同时,全自动肉鸡笼具高度、层数、方向可根据客户的需求定制为 3 层、4 层、5 层等。

全自动肉鸡笼具的关键参数是笼内高度,笼内高度的大小直接决定了饲养鸡只的体型大小。国外全自动肉鸡笼饲养的白羽肉鸡出栏较早、体重较轻,笼内高度一般在 400～450 mm,而国内饲养的白羽肉鸡重 2.5 kg 的大块鸡较多,配套的笼养设备笼内高度一般在 450～500 mm。另外,较高的笼内高度也有益于笼内通风。

以依爱牌全自动肉鸡笼具为例,出鸡操作流程如下。

1. 出鸡前准备工作

①检查各系统紧固件、零部件是否安装紧固到位。检查各系统传动部分是否有异物卡住,尤其链传动、带传动、钢丝绳升降传动等。

②舍内出鸡、舍外抓鸡车和抓鸡圆盘通电检查运转是否正常,各急停开关是否正常。

③准备必要的工具(对讲机、扳手、手电筒、专用工具等)。

④在出鸡前 6 h(具体时间根据料量多少来定)停止喂料,让鸡群尽量吃净料盘中的饲料;每层出鸡时间约 2 h,可通过落料口分区控料。提前 6 h 控料,每 2 h 断一层喂料。

⑤出鸡时要一直保持肉鸡的饮水。

⑥出鸡前要清理一遍最后的鸡粪,以便塑料地板抽出后鸡只能落到干净的传送带上。

⑦为减少应激和保持鸡只安静,须将灯光减到最暗,在出鸡升降机的后面放一个小的灯具来观察升降机上的鸡只。

⑧出鸡时,通风模式由自动改为人工操控。可根据需要,控制进风口、进风窗、风机的开启。

2. 出鸡

(1)出鸡设备操作

旋转横向抓鸡按钮,将横向抓鸡设备降低至指定层数。到位后需再次查看确认横向抓鸡设备是否落在合适高度,导流板与清粪带驱动辊相切或略低 5 mm。待横向抓鸡设备到位后,推动斜向抓鸡车与横向抓鸡设备对接,用绞盘升降斜向抓鸡车,保证与横向抓鸡对接后,锁死绞盘。将抓鸡车四个脚轮固定。同时,将 3、4 层支撑杆撑开以顶住抓鸡车,保证设备安全。将抓鸡圆盘推到斜向抓鸡车下方合适位置,注意转盘方向,以方便抓鸡、运鸡为准。调整到位后,将支腿脚轮固定。

待上述调节完成后,按如下顺序开启旋钮开关:

| 抓鸡圆盘 | → | 室外抓鸡车 | → | 横向出鸡 | → | 笼体输送带 |

(2)地板抽拉顺序

①从机尾连续抽取 10 块地板。

②然后间隔 2 块抽 2 块地板,直至机头端。

③到机头端后,跟着粪带运行方向向机尾端抽地板,待粪带上的鸡超过待抽的地板位置时,接着抽取下一组地板,直至机尾,完成地板抽拉。抽地板返回时,可在粪带尾端放置 1 个隔离物,防止鸡只往回跑。

注意:如粪带运行速度降低,需要降低地板抽取速度,避免粪带过载,确保粪带上的鸡只数量不超过 600 只(出栏鸡,每只约 2.5 kg)。确定粪带运转正常后,继续按照当前模式抽取地板。根据情况,将地板放到第 1 层粪带底部,注意不能刮到粪带,便于冲洗。

(3)出鸡后操作

①检查鸡舍、粪道、水沟等处有无遗漏的鸡。

②把抓鸡圆盘、出鸡车断电,放置到指定位置;将舍内出鸡装置升至指定位置,然后断电。

③出鸡完成后,根据季节变化,如温度与饲养温差大于 15 ℃,应立即对应松开清粪带,防止收缩断裂,具体放松量根据温差设定,要对称放松,避免皮带跑偏。

(4)出鸡过程注意事项

①塑料地板的抽取。塑料地板的抽取速度直接决定了抓鸡速度。为保护清粪带,在清粪带负载大于额定负载后,清粪系统将会打滑,速度会降低甚至停止。如发现粪带有速度降低情况,应放缓或停止抽拉地板,直至速度恢复后再按正常速度抽取。

②抓鸡过程中的灯光控制。鸡只对光线敏感,过强的光线会导致肉鸡兴奋、恐惧,导致鸡群炸窝,增加残次率;鸡只也容易挣扎冲出传送带,增加捕捉难度。抓鸡时,将鸡舍过道照明关闭,如进行第 4 层抓鸡,只需将第 1、第 2、第 3 层笼内照明调至最暗,保证操作人员能够正常操作即可。室内横向抓鸡覆盖遮光布,保证在长距离输送的范围内,光线较弱,降低鸡的兴奋度。

③抓鸡过程中的通风控制。抓鸡时,原饲养通风模式不适用,抓鸡过程应按照保证通风、减少光照的原则进行。关闭进风窗,采用端墙进风口通风;关闭侧风机,采用纵向风机。纵向风机的位置与出鸡层位置错开。随着笼内存栏数减少,适当减少纵向风机数。最大程度降低鸡舍内光照强度。

④抓鸡过程设备巡视和人员协调。在机尾,查看所有出鸡设备和各设备衔接情况。需要两名专业人员检查出鸡设备运行情况,查看接口处是否堵塞,同时监控出鸡流量,对内提醒抽拉塑料地板人员控制节奏,对外提醒抓鸡圆盘处人员调整抓鸡速度。同时,机头端、机尾端各需 1 人,观察并调节粪带是否跑偏。饲养约 6 万羽鸡只的依爱牌全自动肉鸡笼具双向出鸡流程,见表 4-1-1,供参考。

表 4-1-1 饲养约 6 万羽鸡只的依爱牌全自动肉鸡笼具双向出鸡流程

序号	时间	内容	说明
1	出鸡前 6 h	控料、检查	检查各系统紧固件、零部件是否安装紧固到位。 出鸡前 6 h 进行控料。根据鸡场到达屠宰场屠宰的时间不同,各个农场会略有区别,保证饮水供应
2	出鸡前 1.5 h	出粪	拉粪车到位,进行第一遍整体清粪,清完后,粪车待命,如空间合适,可一直停留在扬粪出粪口下面
3	出鸡前 0.5 h	人员到位 设备调试	出鸡前 0.5 h,所有人员到位。技术、协调人员到位,检查设备,调整设备到合适状态;抓鸡队接受培训、分配、卸筐等工作
4	0～2.5 h 2～2.5 h	第 4 层出鸡 第 3 层清粪	地板抽拉顺序: 从机尾连续抽取 10 块地板。
5	2.5～4 h 3.5～4 h	第 3 层出鸡 第 2 层清粪	然后间隔 2 块抽 2 块地板,直至机头端。 到机头端后,跟着粪带运行向机尾端抽地板,待粪带上的鸡超过待
6	4～5.5 h 5～5.5 h	第 2 层出鸡 第 1 层清粪	抽的地板位置时,接着抽取下一组地板,直至机尾,完成地板抽拉。 注意:如粪带运行速度降低,需要降低地板抽取速度,避免粪带过载
7	5.5～7 h	第 1 层出鸡	
8	7～7.5 h	检查	出完最后一层时,检查鸡舍、粪道、水沟等处有无遗漏的鸡,全部检查后,将设备断电,放到指定位置,完成出鸡。

饲养约 6 万羽鸡只的依爱牌全自动肉鸡笼具双向出鸡人员配置,见表 4-1-2,供参考。

表 4-1-2　饲养约 6 万羽鸡只的依爱牌全自动肉鸡笼具双向出鸡人员配置

序号	人员数量/人	岗位	工作内容	所需工具
1	2	设备维护	前后端粪带观察、调节。每层出完，调整横向抓鸡和斜向抓鸡车，以及抓鸡圆盘	17、19 扳手各 2 把，张紧带专用工具 2 个,对讲机 3 部
2	7+5=12	抽地板	抽拉塑料地板,有 5 人在第 3、第 4 层时推小推车	操作车 7 部
3	6×2=12	圆盘抓鸡	圆盘抓鸡,抓第 3、第 4 层时出鸡速度较慢,每侧 6 人抓鸡,下面两层,可由推小推车人员协助	
4	4×2=8	运送鸡筐	运送鸡筐,装筐上车	运鸡筐钩
5	2	操作、协调	操作控制柜,总协调	对讲机 2 部
合计	36			

随着技术的发展,行业也逐渐推出了自动化程度更高、更适合国内养殖的自动出鸡笼。下一代依爱牌链板式自动出鸡笼通过推动底网移动将家禽传送到机尾,全程无须人工抽拉地板。同时配合自动装筐、计数设备,实现从笼具到鸡筐的全程无人化,出鸡效率提升了 3 倍。

二、经济型肉鸡笼具

(一)经济型肉鸡笼具现状

2015 年中央一号文件《中共中央国务院　关于加大改革创新力度加快农业现代化建设的若干意见》明确提出"加快推进规模化、集约化、标准化畜禽养殖"的政策。青岛兴仪电子设备有限责任公司调研了东北、华北、西北、云贵川、广东、广西等片区的肉鸡笼养设备市场容量及各片区内的主要国内知名厂家,见表 4-1-3。

表 4-1-3　2015 年度各片区肉鸡笼养设备市场容量及国内知名厂家调查

片区	市场容量及国内知名厂家等
东北	a. 未来 3 年商品肉鸡存栏量约 50 亿只,变化趋势向集约化大集团公司集中。东北地区预测市场容量约为全国饲养总量的 1/3。 b. 东北 H 型 1.35 m 肉鸡笼使用用户有:大连成三畜牧业有限公司、吉林鹏翔牧业有限公司、黑龙江新曙光牧业集团有限公司等。 东北 H 型 1.8 m 肉鸡笼使用用户有:吉林正大食品有限公司、沈阳信生牧业有限公司、沈阳耘垦牧业(集团)有限公司和吉林鹏翔牧业有限公司等。 c. 笼具设备供应商:青岛大牧人机械股份有限公司、广州广兴牧业设备集团有限公司、广州市华南畜牧设备有限公司、山东恒基农牧机械有限公司、蚌埠依爱电子科技有限责任公司等
华北	a. 中小户型:迫于基础建设和养殖设备的投资压力,现在正在逐步由平养向简易笼养靠拢,简单实现养殖量的提高、自动饲喂和环境控制,采购总价控制在 10~25 元/只。 b. 国内的肉鸡笼设备造价一般在 25~40 元/只
西北	未来三年笼养大概 200 栋
云贵川	肉鸡笼养设备品牌占有率:广州市华南畜牧设备有限公司笼具占 50%,广州广兴牧业设备集团有限公司笼具占 10%,其他 40%
广东、广西	a. 目前肉种鸡(A 型笼)拥有 20 亿元市值,每年更新、新建笼具市值 2 亿~3 亿元。 b. 肉鸡(H 型笼)拥有 10 亿元市值,每年更新、新建笼具市值为 1 亿~2 亿元

由表 4-1-3 可以看出,肉鸡笼养设备(包括 A 型笼和 H 型笼)的市场容量依然很大,肉鸡平养迫于基础建设和养殖设备的投资压力,正在逐步向笼养靠拢。国内的养殖设备厂商都在瞄准肉鸡笼养市场这块大蛋糕,且市场竞争呈愈演愈烈的态势。另外,国外肉鸡笼养设备成熟较早,目前也在如火如荼地进军中国养殖市场。

通过调研发现,大多数养殖户认为未来肉鸡养殖笼养会代替平养,尤其是东北、华北市场,大部分的用户对产品的定位需求还是中等偏下,偏向于总体投资成本低。

全自动肉鸡笼具笼养舍的整体投资较大,2017 年某养殖公司投产的全自动肉鸡笼养小区(图 4-1-1),共 6 栋舍,是当年国内自动化程度最高的肉鸡笼养场。养殖场设计 6 栋笼养鸡舍,单栋饲养量约 7.5 万羽,每批次饲养总量约 44 万羽,饲养密度是平养模式的 2.5 倍。而且在国内同行中率先采用自动出粪和自动出鸡系统,鸡只不与粪便接触,极大地改善了舍内养殖环境,有效降低了鸡只发病率和药物残留。该工程合计投资约 6 000 万元,其中全自动肉鸡笼养设备投资约占 40%,土建投资约占 40%,全自动笼养设备平均到每只鸡的成本投入为 45~50 元。如此较大成本的投资对中小型养殖场来说经济压力不小,而中小型养殖场目前是国内家禽养殖市场的主力军,因此配套设计出适合中小型养殖场使用的经济型肉鸡笼具有较大的市场。

图 4-1-1　2017 年某养殖公司投产的全自动肉鸡笼养小区

(二)经济型肉鸡笼具功能介绍

从结构组成上看,肉鸡笼具主体结构都是由笼体模块化阵列加上机头和机尾组成的,再附加上配套的喂料、饮水、清粪、出粪等功能系统;从功能组成上看,经济型肉鸡笼具各功能系统的作用同全自动肉鸡笼具基本一致,如笼体均是鸡只育成生活空间,清粪系统承载输送粪便的作用;从养殖量上看,经济型肉鸡笼具和全自动肉鸡笼具的养殖量计算方法一致,均按照每平方米饲养 50 kg 活重计算;从成本投入上看,经济型肉鸡笼具的单只鸡成本投入为全自动肉鸡笼具的 50%~70%,具体到不同的笼具配置,经济型笼具投入成本也有较大的偏差;从出鸡方式上看,经济型肉鸡笼具采用的是人工出鸡,故经济型肉鸡笼具没有配置自动出鸡系统、塑料地板等,这样笼具的成本投入会降低很多。

经济型肉鸡笼具(图 4-1-2)包括层叠式笼体、机头、机尾、喂料系统、饮水系统、清粪系统、出粪系统等。经济型肉鸡笼具笼内高度在 360~500 mm 不等,养殖场可根据饲养的鸡只品种和出栏体重来定制笼内高度,一般小型鸡(如 817 肉鸡、三黄鸡等)的笼内高度在 360~420 mm,大型鸡(如白羽肉鸡等)的笼内高度不低于 450 mm。下面着重介绍经济型肉鸡笼具与全自动肉鸡笼具的不同点。

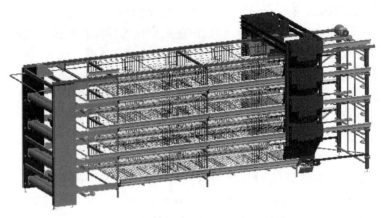

图 4-1-2　经济型肉鸡笼具的效果图

经济型肉鸡笼具的出鸡方式为人工抓鸡,正常的经济型肉鸡笼具笼养舍要求人的通行过道尺寸不低于 900 mm,以方便抓鸡车、装鸡筐的通行和周转。一般较高层(3～4 层)的抓鸡方式为:①抓鸡人员采用抓鸡车登高进行高层笼内抓鸡,再投入装鸡筐中;②抓鸡人员踩踏在一定高度的装鸡筐平台上进行笼内抓鸡。

1. 笼体

经济型肉鸡笼具每层笼体四周由门网、隔网、采食网、顶网环绕组成,底部配置有底网和塑料铺网。与全自动肉鸡笼具不同的是,经济型肉鸡笼具鸡只在笼架两侧的料槽采食。而全自动肉鸡笼具鸡只在笼内的料盘采食。经济笼需配置采食网、料槽、挡鸡板。一般采食网窗口大小约为 50 mm×70 mm(宽×高),可满足大块鸡只采食需要。挡鸡板用压紧螺钉固定在采食窗钢丝上,主要作用是防止育雏阶段雏鸡从采食窗口跑出。大鸡阶段挡鸡板放置到料槽内部,提高大日龄鸡只的采食高度,防止鸡只趴着采食,有利于鸡只的骨骼发育和生长。笼体料槽置于笼架两侧,主要作用是容纳饲料。料槽分育雏料槽和大料槽。育雏料槽可满足鸡只整个生长阶段采食,其采食高度为 45 mm,一般置于育雏层且配合挡鸡板使用,育雏料槽配合挡鸡板也可用于非育雏层;大料槽置于非育雏层,可满足 14 日龄后的鸡只采食使用,大料槽的采食高度为 60～90 mm。料槽和挡鸡板材质有聚氯乙烯(polyvinyl chloride,PVC)塑钢板和热镀锌钢板两种选择(图 4-1-3、图 4-1-4),经济型肉鸡笼具一般配置 PVC 塑钢材质料槽和挡鸡板,其成本投入较低。

经济型肉鸡笼具的出鸡方式为人工出鸡,没有配置塑料地板,用金属底网和塑料铺网(图 4-1-5)代替,成本投入较低。经济型肉鸡笼具底网是由丝径为 3 mm 的热镀锌钢丝或锌铝镀层钢丝焊接而成的,网格尺寸约为 50 mm×50 mm;塑料铺网网孔呈正六边形或菱形,网孔对边尺寸有 12 mm、15 mm、18 mm 不等。一般网孔 12 mm 用于 817 肉鸡或青年鸡等小型鸡育雏,网孔 15 mm 用于白羽肉鸡或 817 肉鸡育雏,一般置于育雏层;网孔 18 mm 一般用于非育雏层供大日龄鸡只使用。塑料铺网可分为裁剪型铺网和注塑包边型铺网。注塑包边型铺网一致性较好,外形尺寸容易保证且铺网边缘不易露鸡爪,而裁剪型铺网外形尺寸有加工误差,外形尺寸过小的铺网边缘可能导致育雏鸡掉鸡爪。塑料铺网材质为聚丙烯(polypropylene,PP)或聚乙烯(polyethylene,PE),规格在 300～600 g/m² 不等。金属底网和塑料铺网为鸡只提供一定强度和柔软度的栖息地板,可以有效防止鸡只胸部水肿等疾病的发生。

图 4-1-3　经济型肉鸡笼配套　　　　　　图 4-1-4　经济型肉鸡笼配套
PVC 塑钢板料槽场景　　　　　　　　　热镀锌钢板料槽场景

图 4-1-5　金属底网和塑料铺网

经济型肉鸡笼具的笼门需提供足够空间供出鸡时人工抓鸡,尽量减少鸡爪、鸡翅等部位被笼网刮伤,以降低鸡只的残次率。经济型肉鸡笼具的笼门主流结构有上翻下推式笼门(图4-1-6)和整体上翻式笼门(图4-1-7)两种形式。上翻下推式笼门的抓鸡洞口较大,抓鸡时鸡只的残次率较低,但该形式的笼门结构略微复杂,成本较高;整体上翻式笼门操作简单,生产加工方便,成本较低,市场占有率略高。

经济型肉鸡笼具底层料槽一般配置有踩踏管,主要供操作人员踩踏维护高层笼具和抓鸡时使用,同时可充当舍内操作车运行的导轨,防止操作车撞击料槽或笼具。

图 4-1-6　上翻下推式笼门　　　　　　　　图 4-1-7　整体上翻式笼门

2. 清粪系统

笼内清粪系统主要由机尾驱动装置、机头从动辊、纵向笼内清粪带、粪带托架、刮粪板装置等零部件组成,其原理及功能同全自动肉鸡笼具基本一致,主要区别是全自动肉鸡笼具每层的清粪系统对应一台电机驱动,而经济型肉鸡笼具的一台电机驱动可对应 1～4 条清粪系统(长度在 110 m 以内)。一般地,笼宽在 0.7～1.0 m 的 3 层笼具配置一台 0.75 kW 的驱动电机,笼宽 1.0～1.2 m 的 3 层笼具配置一台 1.1 kW 的驱动电机,笼宽 1.2～1.6 m 的 3 层笼具配置一台 1.5 kW 的驱动电机。经济型肉鸡笼具的清粪系统仅承担输送粪便的功能,不承担出鸡功能,清粪带厚度一般选择 1.0 mm。因为经济型肉鸡笼具清粪系统没有运输鸡只的需求,所以笼具内的出粪高度也相应降低,笼具的总高度也会降低,因此经济型肉鸡笼具的成本投入会降低不少。

经济型肉鸡笼具的机头、机尾、饮水系统、出粪系统同全自动肉鸡笼具的配置基本一致,本节不再重复阐述。图 4-1-8 所示为整齐排列的经济型肉鸡笼具机尾。

图 4-1-8　整齐排列的经济型肉鸡笼具机尾

三、风道型肉鸡笼具

风道型肉鸡笼具(图 4-1-9)是中低端肉鸡笼具的一种,由层叠式笼体、机头、机尾、喂料系统、饮水系统、清粪系统、出粪系统等组成,不包含自动出鸡系统,出鸡方式为人工出鸡。每列风道型肉鸡笼具相当于两列单体肉鸡笼具并排放置,中间预留 300～500 mm 的通风道,通风道的主要目的是便于笼内通风,其通风效果要优于经济型肉鸡笼具,目前主要应用市场是东北和山东地区。一般地,风道型肉鸡笼具的单侧笼宽有 700 mm 和 800 mm 两种,风道宽度为 400 mm。风道型肉鸡笼具笼内高度在 360～500 mm 不等,养殖场可根据饲养的鸡只品种和出栏体重来定制肉鸡笼具笼内高度;一般小型鸡(如 817 肉鸡、三黄鸡等)的笼内高度在 360～420 mm,大型鸡(如白羽肉鸡等)的笼内高度不低于 450 mm。

风道型肉鸡笼具的出鸡方式为人工抓鸡,抓鸡洞口的结构形式同经济型肉鸡笼具一样。正常的风道型肉笼鸡舍,要求人的通行过道尺寸不低于 900 mm,以方便抓鸡车、装鸡筐的通行和周转。一般较高层(3～4 层)的抓鸡方式为:①抓鸡人员采用抓鸡车登高进行笼内抓鸡,再投入装鸡筐中;②抓鸡人员踩踏在一定高度的装鸡筐平台上进行笼内抓鸡。

图 4-1-9 风道型肉鸡笼具俯视图

有数据显示,同一地域环境,为达到笼内基本一致的通风效果,舍内风机配置需满足表 4-1-4 的过道通风参数。

表 4-1-4　达到笼内基本一致通风效果的过道通风参数

笼体结构	建议过道最大风速/(m/s)
1 800 mm 宽全自动肉鸡笼	3.8～4
1 400 mm 宽全自动肉鸡笼	3.5～3.7
600 mm 深全自动层叠式蛋鸡笼	3.8～4
500 mm 深全自动层叠式蛋鸡笼	3.5～3.7
标准舍经济型肉鸡笼	2.5～2.7
斜后方带接粪板阶梯式笼	2.5～2.7
阶梯式肉鸡笼	2.3～2.5
阶梯式蛋鸡笼	2.3～2.5

由表 4-1-4 可以看出,笼宽小的空气质量比笼宽大的好。相对于经济型肉鸡笼具,风道型肉鸡笼具主要多了中间通风道的通风优势,其他功能系统(如机头、机尾、饮水系统、喂料系统、出粪系统)同经济型肉鸡笼具基本一致,因此不再重复阐述。本节着重阐述风道笼的两种结构形式,即分体式风道型肉鸡笼具和底层整体式风道型肉鸡笼具。图 4-1-10 所示为安装中的风道型肉鸡笼具。

图 4-1-10　安装中的风道型肉鸡笼具

图 4-1-11 所示为依爱牌 F8040-3 型粪带分体式风道笼。

因风道型肉鸡笼具相对经济型肉鸡笼具中间预留有通风道,故笼内的清粪带为分体式的,相对同样笼宽整体式清粪带的成本投入降低不少;另外,清粪带为分体式,每条清粪系统也相对独立。在笼具清粪的过程中,操作灵活性和稳定性大大提高,每单列的清粪驱动电机可共用 1 套或 2 套。粪带分体式风道笼还有一个优点是便于笼内纵向、上下通风,通风效果

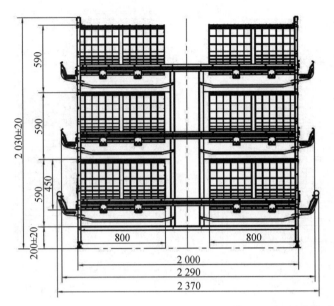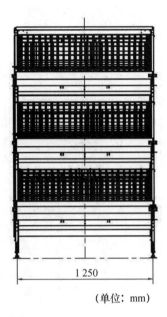

（单位：mm）

图 4-1-11 依爱牌 F8040-3 型粪带分体式风道笼

要优于底层粪带为整体式的风道笼,尤其是在东北地区,部分养殖场选择地排风的通风配置方式,这种方式的风道型肉鸡笼具必须选择分体式风道笼。一般地,通风道侧分体式清粪带边缘距离笼底侧边需大于 30 mm,以有效避免上层粪便滑落至地面。粪带分体式风道笼的缺点是在鸡只生产过程中通风道侧产生的羽毛、浮灰等杂物降落在地面上,只能在空栏期间用高压水枪冲洗。

图 4-1-12 所示为依爱牌 ZF8040-3 型底层粪带整体式风道笼示意图。底层粪带为整体式,其余层清粪带为分体式,因底层多了 300~500 mm 宽的清粪带,故该结构形式的清粪系统成本投入略高于分体式风道笼。一般地,底层整体式清粪带较宽,最宽可达 2 m,底层的清粪系统单独配置一套 0.75 kW 的清粪电机,其余层清粪系统共用 1 套或 2 套驱动电机。底层粪带整体式风道笼可将鸡只生产过程中产生的羽毛、浮灰等随时清走,有利于保持地面干净清洁,但不利于笼具上下通风,温度场较差,纵向通风略差于分体式风道笼。

四、单体肉鸡笼具

单体肉鸡笼具(图 4-1-13、图 4-1-14)是中低端肉鸡笼具的一种,由层叠式笼体、机头、机尾、喂料系统、饮水系统、清粪系统、出粪系统等组成,不包含自动出鸡系统,出鸡方式为人工出鸡。相对于经济型肉鸡笼具,单体肉鸡笼具单元格内没有隔网,笼架的结构形式同经济型肉鸡笼具基本一致。一般地,单体肉鸡笼具的笼宽在 800~1 100 mm,笼内高度在 360~500 mm,养殖场可根据饲养的鸡只品种和出栏体重来定制肉鸡笼内高度。小型鸡(如 817 肉鸡、三黄鸡等)的笼内高度在 360~420 mm,大型鸡(如白羽肉鸡等)的笼内高度不低于 450 mm。

因单体肉鸡笼具的笼宽较窄,所以同样节长的单格笼内饲养鸡只较少。市场上较为流行一侧喂料另一侧抓鸡的单体肉鸡笼具和双侧喂料的单体肉鸡笼具。单侧喂料单侧抓鸡的单体肉鸡笼具的抓鸡侧是上翻下推的全开大笼门,抓鸡洞口的高度尺寸同笼内高度一致,抓

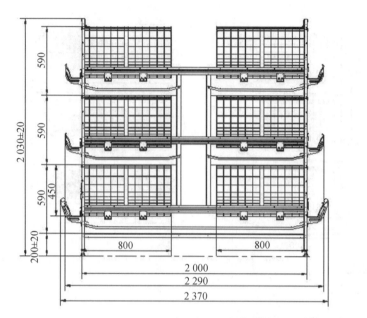
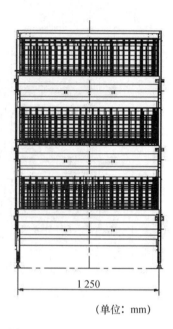

（单位：mm）

图 4-1-12　依爱牌 ZF8040-3 型底层粪带整体式风道笼

鸡操作空间大，方便进雏和抓鸡，且鸡只伤残率低；另一侧为传统的喂料侧，配置有常规的笼门，供日常维护操作使用。双侧喂料的单体肉鸡笼具可视作收窄的经济型肉鸡笼具，双侧喂料双侧笼门，这样配置的单体肉鸡笼具成本投入略高，但鸡只的采食位是单侧喂料单侧抓鸡笼具的两倍，鸡只生长均匀度较好。

图 4-1-13　单体肉鸡笼具喂料侧场景

图 4-1-14　单体肉鸡笼具抓鸡侧场景

　　相对于风道型肉鸡笼具，两列同样深度的单体笼并排放置，中间预留 300～500 mm 的通风道，就能形成风道笼。与风道笼不同的是，两列单体肉鸡笼的立柱用量是风道型肉鸡笼的两倍,同样笼宽的情况下,单体肉鸡笼的每只鸡成本投入略高。一般地,单体肉鸡笼具布置是抓鸡侧与抓鸡侧相对,喂料侧与喂料侧相对,这样布置其土地养殖利用率较高。单体肉鸡笼具鸡舍要求人的通行过道尺寸不低于 500 mm,以方便人员的通行;抓鸡过道尺寸不低于 900 mm,以方便抓鸡车、装鸡筐的通行和周转。

第二节 环境控制设备

一、环境控制器

(一)发展历程、现状与趋势

经过几十年的发展,肉鸡产业已经成为畜牧业中产业化发展水平最快和最典型的行业。截至 2018 年 12 月,我国肉鸡产业发展经历了从简单的养殖户发展到现在集种鸡繁育、饲料生产、肉鸡饲养、屠宰加工、冷冻冷藏、物流配送、批发零售等环节于一体的一条龙生产经营,并基本形成了由肉鸡养殖、屠宰分割、鸡肉制品深加工、冷冻冷藏、物流配送、批发零售等环节构成的肉鸡产业体系,涌现出一批经营规模较大的肉鸡加工企业。2005—2006 年的中国名牌产品中,肉类制品 24 个,其中禽肉产品 12 个,占肉类产品的 50%。2006 年公布的 17 家出口食品农产品免检企业中,肉鸡类企业 10 家,占 58.82%。国内肉鸡产业已经发展成为农业中集团化和产业化程度较高的产业之一。肉鸡养殖业的发展催生了专业化饲养设备供应行业,并且在不同的发展阶段,呈现出不同的养殖设备,但总体上看,是沿着人工操作→半自动化→自动化→信息化→智能化的脉络在发展。

1961—1978 年:肉鸡养殖缓慢增长阶段。肉鸡养殖属于自给自足的家庭副业,在农业中处于补充地位。改革开放前,由于各种因素的影响,我国肉鸡产业发展极其缓慢。在此阶段内,国内肉鸡存栏量从 1961 年的 5.41 亿只增加至 1978 年的 8.2 亿只,年均增长率仅有 2.48%。由于该阶段肉鸡养殖基本上处于农村家庭副业的地位,规模极小,养殖户几乎没有专业饲养设备的概念,环境控制器更是完全没有。

1979—1996 年:肉鸡养殖快速增长阶段,合同养殖模式兴起。随着家庭联产承包责任制的出现和独立自主市场主体的形成,中国肉鸡产业在改革发展中进入快速发展阶段。特别是 1984 年以后,一批外国涉农企业开始进入中国市场,并同时带来了国外的合同养殖模式和先进的养殖技术。例如,正大集团在 20 世纪 80 年代初率先进入中国,在深圳建立了第一家合资饲料厂。围绕畜、禽、水产饲料的生产和销售,正大集团还在中国建立了配套种鸡场、种猪场以及多级技术服务体系,并采取由中方联营公司与农户签约,向农户提供鸡苗、饲料、防疫药品和饲养技术,按预定价格回收成鸡等方式,推动各地养鸡业的发展和带动饲料销售。这种经营方式很快为国内其他一些企业所模仿,出现了温氏食品集团股份有限公司等一批大型饲料养殖企业。其中温氏食品集团股份有限公司就是仿效正大集团,采取与农户签约,以提供技术支持和回收产品的方式来扩大经营规模。在这一阶段,肉鸡养殖基本处于人工操作阶段,没有专业的环境控制器来进行舍内环境调节,养殖环境基本上由饲养者根据经验和操作设备来调节和控制。

1997—2005 年：肉鸡标准化、规模化发展初级阶段，初步形成产业化体系。自 1997 年以来，我国肉鸡养殖业进入标准化和规模化发展阶段，这个阶段肉鸡养殖企业在激烈的市场竞争中不断进行以提升质量、增加效益为目的的结构优化调整，由数量增长型向质量效益型转变，养殖方式由散养向专业化、规模化转变。在这一阶段，养殖企业产生众多需求，尤其是对规模化生产所需要的禽舍环境控制，依靠人工经验已经完全满足不了饲养密度爆发式增长对规避养殖环境带来风险的需要，国外有专业肉鸡饲养设备的供应商在这个阶段进入国内市场。必达(天津)家畜饲养设备有限公司是 Big Dutchman 于 1997 年在中国大陆正式设立的驻华公司，其早期曾代理销售过以色列 Rotem 公司的 7 档、8 档温控器及 AC2000 控制器。一些有远见的养殖企业主采购这些在当时看起来非常先进和超前的环境控制设备来为他们的肉鸡养殖生产保驾护航。同时，这些养殖企业主不仅看到了中国肉鸡行业与国外的差距，也看到了中国肉鸡养殖设备行业与国外的差距，尤其是处于核心的环境控制设备，动辄以万元计的采购价，以数千元计的维修价和以月计的维修周期，他们无比希望有国产环境控制设备可以替代。历经 AC2000 环境控制器高昂的价格、维修服务跟不上生产需要等多种困扰，福建的养殖户找到了孵化设备供应商中国电子科技集团公司第四十一研究所(以下简称四十一研究所)，请求将环境控制器国产化，以满足其在肉鸡生产过程中对环境控制器的需要。在这样的背景下，2005 年，四十一研究所研制了依爱牌 EI-2000/2100 高低档两个型号的禽舍环境控制器，并在多地投入试运行，打破了国外品牌对禽舍环境控制器的垄断。这个阶段，多数中国养殖设备企业均是代理国外品牌的环境控制器，仅有极少数的企业进行仿制和国产化工作，禽舍用环境控制器的国产化处于起步阶段。

2006—2010 年：这个阶段，肉鸡养殖行业已经真正成为支撑中国国民经济发展的重要引擎。中国本土养殖设备企业对环境控制器的研发也已经驾轻就熟，进入了快速发展的通道，涌现出相当多研发环境控制器的企业，推出了众多型号的优秀环境控制器产品。国产环境控制器与老牌的国外品牌如 Rotem 的 AC2000 等同台竞争，竞争的焦点在于功能的稳定性、全面性、使用方便性以及联网集中管理等方面，客观地说，这个阶段国产品牌整体上还是落后于国外品牌的。

2011 年至今：随着触摸屏手机、平板电脑等消费类电子产品的逐渐流行，彩色大屏显示和触控操作逐渐成为消费者深入人心的电子产品交互习惯，并且我们判断这种习惯会扩大到养殖生产设备领域，也就是说环境控制器的人机界面有可能以触摸屏形式为主流。2012年 Big Dutchman 向市场推出了 ViperTouch 环境控制器，采用 7 英寸触摸屏作为人机操作界面，但在国内的反响并不好。此时串口人机界面(human machine interface，HMI)技术变得成熟起来，HMI 本身自带组态软件、U 盘接口、网络接口，直接拉低了环境控制器在人机界面、数据接口、网络连接方面的开发难度。因此，中国本土公司纷纷推出触摸屏环境控制器作为高档环境控制器以推动中国养殖业的发展；国外老牌企业 Rotem 被 Munters 公司收购，推出了 Platinum 系列和 AC2000 3G 系列的触屏版新产品环境控制器；ArgoLogic 公司也推出了触屏款的 ImageⅡ二代环境控制器。总之，这个阶段养殖业的环境控制器市场呈现出进口品牌与自主品牌同场竞技、百家争鸣的活跃场景。这个阶段竞争的核心仍然是性能稳定性、功能完备性和使用方便性，单机、单场运行仍是主流模式，但是新的业务点初步显现。移动通信技术的飞速发展(3G/4G/5G 在这不足 10 年的时间里迅速完成迭代)，为物联网技术的成熟和应用打下了坚实的基础,环境控制器的移动端远程监控成了当下用户的需求热点。预计下一个热门应用场景——养殖云服务与企业资源计划(enterprise resource planning,ERP)信息的融合及大数据智能控制,将会在未来几年内成为现实。所谓的养殖云服务包含但不限于以下内容:用户资料与养殖场生产资料管理、禽舍环境数据与生产性能数据的收集与分析、工艺参数专家库的建设与应用等。在这个应用场景中,传统的环境控制器将消亡,禽舍中仅存在传感设备与执行设备,环境参数的调节决策将在云端完成,云就是环境控制的核心,所有的传感设备、执行设备与养殖云将组成一个巨大的"环境控制系统",养殖环境控制就此步入云时代。

(二)依爱(EI)系列环境控制器

作为国内养殖机电装备的龙头企业——蚌埠依爱电子科技有限责任公司依托四十一研究所在现代电子技术、传感器、数据处理及计算机通信技术方面的技术积累,应用国际先进的禽舍环境控制理念,自主创新,研制开发出一套完整的禽舍环境控制体系,为现代养殖企业的健康发展提供技术支持和安全保障。

依爱禽舍环境控制系统能够实现对禽舍内通风降温、加热加湿功能的自动化控制,为禽舍内提供充足的新鲜空气,排出废气和有害气体。通过对通风、温度、湿度、静压、光照等禽舍控制参数的设置,保证禽舍内氧气充足、温度适宜、湿度合理及光照良好,满足家禽生长的需求,最大限度发挥家禽的生产潜能,同时减少了禽舍环境控制中人为调整不及时对禽类造成的应激。禽舍环境控制系统中最核心的设备是禽舍环境控制器,它的性能指标和控制精度可直接影响禽舍环境控制的效果。

基于对国内家禽养殖模式的正确理解,以及对禽舍环境控制系统的深入研究,使四十一研究所的禽舍控制思路更贴近国内养殖户的需求,依爱研发人员将禽舍环境控制器设计理念定位在技术先进、功能强大、易于操作上,将复杂的养殖参数和精确的控制过程以文字、图像的形式直观地表现出来,同时可以与计算机联网监控,实现自动调节禽舍环境、控制饲养行为、监测生长状态、记录养殖参数、提高饲养质量,进而提升养殖过程的管理水平。

依爱系列禽舍环境控制系统研究起步时间较早,从 2003 年首次推出 EI-2000 型环境控制器,到 2009 年初批量生产 EI-3000 型环境控制器和 EI-ZNR 型环境控制器;2010—2015年依爱环境控制器形成系列化的产品,衍生出 EI-3000A 型、EI-5000 型环境控制器;2016—2018 年各系列的环境控制器产品实现了升级换代,相继推出 EI-1×××系列、EI-6×××系列,其外观如图 4-2-1 所示,作为低、中、高档环境控制器,更好地满足了细分市场的需求。

图 4-2-1 环境控制器外观

表 4-2-1 给出了图 4-2-1 中 3 种型号支持的主要传感器的种类、数量及主要功能配置上的差异。

表 4-2-1　主要传感器的种类、数量及主要功能配置

型号	主要传感器种类、数量				主要功能配置			
	温度（内＋外）	湿度（内＋外）	CO_2气体	静压	通风	加热	湿帘泵	继电器
EI-1000C	3＋1	1＋0	0	1	10 通风级别 每级 12 风机 2 幕帘 1 进风窗	3 区	1 路 3 级	20
EI-6000	8＋1	1＋1	1	1	20 通风级别 每级 15 风机 4 幕帘 4 进风窗	6 区	2 路 5 级	40
EI-6000PLUS	13＋1	1＋1	1	1	30 通风级别 每级 20 风机 4 幕帘 4 进风窗	6 区	3 路 9 级	40

1. 使用环境控制器的一般方法

①操作前的准备。按照环境控制器接线说明完成接线，检查确认接线无误后，通电、开机。

②所需的外设添加。操作按键或单击触摸屏，进入外围设备管理页面，把部分已经安装和连接到位的设备项打钩，用到的功能项打钩，完成外设和功能的添加。

③控制继电器设置。风机、加热、通风窗、喷雾等执行机构的动作，全部是由控制继电器完成的。根据实际接线情况，在继电器管理页面中正确设置好各个功能所对应的继电器号。在方括号"［　］"中勾选继电器，可以强制其吸合工作。勾选继电器强制吸合功能通常是用来测试控制信号是否通顺，正常使用时不要勾选。对照界面里的内容，比如风机 1，继电器号为 09，则在控制器面板上第 9 号继电器指示灯位置做好标示，便于查看。

④禽群信息填写。填写好饲养天数和放养数量，每饲养一个批次填写一次即可，环境控制器会自动更新饲养日龄。

⑤饲养参数设定。设定温度、湿度、通风、进风窗、进风口、湿帘泵、光照等参数，环境控制器即可按饲养日龄调节环境参数，实现自动控制。具体工艺参数可参考对应品种的饲养管理手册，设定方法可查阅具体型号控制器的手册，此处不再赘述。

2. 环境控制器的日常维护和保养

检查门的密封状况，用干抹布擦拭机箱及控制柜外部，保持控制器内外的清洁；保持控制器内部干燥，禁止用水或有机溶液直接冲洗环境控制器；检查机箱及控制柜内部接线是否牢固；检查控制器的电源电压（AC 220 V）、电源板直流输出电压是否正常；检查每个按键是否都能正常响应，按下弹起的回馈力度是否正常；检查每一路继电器断开吸合功能、指示灯亮灭是否正常；每个月检查停电报警功能是否正常，校准温度和湿度；检查信号线路电缆是否有破损、短路或断路情况；控制器搁置长时间不用时，每个月要开机升温烘干运转机器一次；环境控制器内部元器件及电路板需要维修更换时，必须关机断电操作。

3. 依爱系列环境控制器的社会效益和经济效益

国内外的家禽养殖业向集约化、自动化发展速度很快,对养殖设备自动化程度要求越来越高,同时由于劳动力需求逐渐紧张和昂贵,家禽养殖行业对自动化养殖设备的需求量也越来越大,禽舍环境控制系统的自动化、智能化、网络化发展正好迎合这一需求。自动化、智能化节省了劳动力资源,降低了对一线饲养工人的养殖经验需求,只需要工人保证设备运行正常,这有利于完成养殖过程标准化;智能化、网络化的特点又方便了管理过程,在办公区即可监控设备运行状况,只要设备正常,即可由设备完成养殖过程。由于网络管理过程的存在,减少了人员进入鸡舍的次数,有效降低了由于人员入舍带入病菌的可能性,这对减少防疫药物的使用,倡导绿色养殖,提高食品安全都具有重要意义。

另外,在家禽养殖设备行业使用国产环境控制器有利于打破国外环境控制产品的垄断,使先进的环境控制理念在国内得到更快和更大范围的推广,提高了家禽养殖生产性能的整体水平,具有良好的社会效益。由于环境控制系统将离散的养殖设备整合起来,构成系统运行,使得各类单一功能的设备具有了不一样的竞争力,为养殖设备的成套、成系列化提供了有力支点。为养殖过程配套的执行设备(环境调节设备如风机、湿帘、热风炉、喷雾机等,自动饲喂设备如饮水线、喂料线、储料仓等)的销售量也都大幅提升,带来的间接经济效益远远超出了环境控制系统本身所产生的经济效益。

二、低压配电柜

低压配电柜,是指交、直流电压在 1 000 V 以下的成套电气装置,它是由一个或多个低压开关设备和与之相关的控制、测量、信号、保护、调节等设备,由制造商负责完成所有内部电气和机械的连接,用结构部件完整地组装在一起的一种组合体。其功能是分配和控制电能,产品应用广泛,应用领域包含电力、房地产、机械工业、电信、油气、矿业等。该产品具有分断能力强,动热稳定性好,电气方案灵活,组合方便,实用性强,量身定制,结构新颖等特征。

低压配电柜在我国俗称低压开关柜,包含低压成套开关设备和控制设备。我国低压配电柜市场随着智能电网、基础设施的建设实施、制造业的投资以及新能源行业的发展,一直保持快速增长的态势。经过多年的发展,我国低压配电柜行业已经从最初的容量小、性能低、功能少、体积大逐渐向性能好、体积小、智能化的方向发展,逐渐形成了较为完善的体系。截至目前,低压配电柜相关技术已申请 4 000 余项专利,可见低压配电柜以市场驱动型的实用化产品为主导。

监测数据显示,2010 年,我国低压配电柜市场总体销售额为 106.33 亿元,同比增长11.2%。2011 年,我国低压配电柜市场总体销售额达到 119.60 亿元,同比增长 12.5%。2018 年,我国低压配电柜市场总体销售额已经突破 200 亿元,通过对销售额的数据分析,低压配电柜年复合增长接近 10%,远远超过了 GDP 增长速度,但增速在放缓。在我国低压配电柜市场需求大好的环境下,行业内部竞争必将加剧,提供新一代的低压成套设备及系统解决方案的供应商在未来的市场竞争中将取得先机,企业产品只有具备上述特征才能在未来的竞争中赢得一定的优势,从而抢占第四代低压电器产品的制高点。

(一)畜禽舍养殖低压配电柜

畜禽舍养殖低压配电柜是工业用低压控制设备细分,以下简称控制柜。这种控制柜安装于畜禽舍控制室或畜禽舍内,受制于特定的应用环境(氨气、硫化氢、高温高湿、粉尘、严寒或高温地区等),因此畜禽舍控制柜具备了防腐、防尘、防水汽等额外特征。此外,控制柜主要控制养殖舍的执行机构,如风机、水泵、照明、喂料电机、清粪电机等,同时还承担检测部件的输入分析、报警和中继信号等任务。畜禽舍养殖低压配电柜为非标定制型控制设备,既要满足低压成套开关设备和控制设备设计规范,也要满足特定应用领域的功能要求,本节主要对畜禽舍养殖低压控制柜的设计进行阐述。

(二)畜禽舍养殖低压控制柜设计

控制柜的设计目的是规范制造商控制柜产品设计,在满足功能要求的情况下,使控制柜产品安全可靠、电能质量合格、技术先进、经济合理和维护方便。

1. 控制柜设计原则

控制柜设计首先应符合低压配电柜行业设计标准要求,满足国家标准要求的型式试验和部分型式试验,此外控制柜还须满足畜禽养殖行业应用特征的如下要求。

①控制柜具备可靠性、可生产性、可测试性、可维护性。

②控制柜标识清楚,能够反映该型控制柜的基本功能,且标识持久不掉。

③控制柜应能满足所在地域环境要求。

④控制柜内部布局合理,强弱电分离。

⑤控制柜裸露导电部件必须有所防护,防止对人体造成伤害。

⑥控制柜进出电线/电缆接口应密封和有所防护,电线/电缆标识唯一,且需通过接线端子进行转接。

⑦控制柜常规操控在面板端完成。

⑧控制柜箱体密封等级达到 IP54,自动化设备控制柜箱体密封等级达到 IP55。

⑨控制柜应接地。

⑩落地式控制柜的底部宜抬高,室内宜高出地面 50 mm 以上,室外应高出地面 200 mm以上。底座周围应采取封闭措施,并应能防止鼠、蛇类等小动物进入箱内。

⑪交付文件应能清楚反映该型控制柜功能、电气关系,能够指导维修。

2. 控制柜使用条件

为发挥控制柜最大使用效能,必须约定控制柜使用条件,在不能满足使用条件情况下,需要制造商和用户签订特殊条件下控制柜应用技术协议,并按照要求实施。以下是控制柜使用条件要求。

①温度条件。户内使用,控制柜应满足周围空气温度不高于 40 ℃,且在 24 h 内平均温度不超过 35 ℃,周围空气温度下限-5 ℃使用条件。户外使用,控制柜应满足周围空气温度不高于 40 ℃,且在 24 h 内平均温度不超过 35 ℃,周围空气温度下限-25 ℃(温带地区)、-40 ℃(严寒地区)使用条件。

②湿度条件。户内使用,空气清洁,在最高温度为 40 ℃时,其相对湿度不得超过 50%。在较低温度时,允许有较大的相对湿度。例如:20 ℃时相对湿度为 90%,但考虑到温度的变化有可能会造成适度的凝露,因此户外使用,在最高温度为 25 ℃时,其相对湿度短时可高达 100%。

③污染等级。根据导电的或吸湿的尘埃、游离气体或盐类和吸湿或凝露导致表面介电强度或电阻率下降事件发生的频度而对环境条件作出的分级,应考虑使用条件只有非导电

性污染,同时也应考虑偶然凝露造成的暂时导电性。

④海拔。安装场地的海拔不超过 2 000 m,对于在海拔高于 1 000 m 处使用的电子设备,有必要考虑介电强度的降低和空气冷却效果的减弱。打算在这些条件下使用的设备,建议按照制造商与用户之间协议进行设计和使用。

⑤特殊使用条件。温度、相对湿度或海拔与上述条件不符,或在使用中出现温度或气压急剧变化,以致控制箱内易出现异常凝露。空气被尘埃、烟雾、腐蚀性微粒、蒸汽、盐雾等严重污染;暴露在强电场、强磁场中;暴露在高温、太阳直射或火炉烘烤的地方。特殊使用条件,包括但不限于上述提及内容,在这种条件下,必须遵守适用的特殊要求,或制造商与用户之间应签订专门的协议。

3. 控制柜结构设计

控制柜应由能承受一定机械应力、电力应力及热应力的材料构成,此材料还应能经得起正常使用时可能遇到的潮湿的影响。为了确保防腐,控制柜应采用防腐材料或在裸露的表面涂上防腐层,同时还要考虑使用及维修条件。所有的外壳或隔板,包括门的闭锁器件应具有足够的机械强度以能够承受正常使用时所遇到的应力。

控制柜涂层色彩建议采用 Pantone 色卡冷灰 1C 色调,这种色调更适用于家禽(鸡、鸭)产品柜体色调,对于比畜禽舍氨气浓度更大的养猪舍,控制柜箱体优先选择 304 不锈钢材料,不需喷涂。

控制柜箱体壁厚不小于 1.2 mm,如果箱体宽度大于 800 mm,壁厚应适当加厚用以增强机械应力。此外,控制箱壁厚是在制造商与用户的合同中事先约定的,镀锌钢板或 304 不锈钢材料壁厚通常不超过 2 mm。

进出电线/电缆开孔方式优选控制箱下方开孔,不推荐侧方开孔,禁止上方开孔,开孔区配置防水密封接头。对于控制柜下方有转接桥架的,也应做好密封。

控制柜柜门与壳体之间应有密封设计。门的密封结构需要留出足够的空间排水。控制柜内部有弱电控制或软件的板级控制[单片机、可编程逻辑控制器(programmable logic controller,PLC)等],控制柜门有必要设计门锁。对于柜门长度超过 800 mm 的,需要增加多点门锁。

汇流排应为铜材料,优先选用紫铜。汇流排应能适用连接随额定电流而定的最小至最大截面积的铜导线和电缆。汇流排包含零线汇流排、保护地汇流排、相线汇流排。

控制柜结构形式分为立式、壁挂式、落地壁挂式(柜体重,墙体不能承受太大重力,在控制箱下方增加一套支撑装置)三种。控制柜具备离墙安装(避免冷凝水)结构形式,具体尺寸根据控制执行机构数量而定。通常控制 40 组及以上执行机构,宜采用立式或立式拼接控制箱结构;40 组以内执行机构,宜采用壁挂式控制箱结构。

控制柜内部布置电气元件时,应符合规定的电气间隙和爬电距离或冲击耐受电压,同时还要考虑相应的适用条件。

对于裸露的带电导体和端子(如母线、电器件间连接、电线压接端头等)必须进行防护,防止对人体造成伤害。

控制柜应做好通风、散热和防水设计。在不同使用条件下,控制柜需要具备自适应通风散热、严寒环境加热功能,启动条件可预设。此外,通风散热需注意散热均匀,避免出现局部高温或低温情况。控制柜需有防溅水能力;安装于舍内的控制柜,需有防喷水设计。如需更高等级的防水特性,则按照制造商和用户的技术协议执行。

4. 控制柜布局设计

控制柜元件布局总体应遵循发热、大功率、干扰、强弱电的分布规律。发热元件应该靠边、靠上。大功率元件往往发热严重,应该靠外布置,并且在其周围留出足够的散热空间。对于内部有发热的器件,如果靠自身没法保持散热要求,需要增加散热风扇和散热器,使空气对流,加强散热。一般发热量大的元件安装在靠近出风口处,进风口一般安装在下部,出风口安装在柜体的上部。发热器件周围需要走线时,推荐导线距离发热器件不少于 5 cm,且不从发热器件上方走线。

控制柜在布局元件时,设计控制柜体时要留意电磁兼容性(electromagnetic compatibility,EMC)的区域原则,把不同功能元件规划在不同的区域中。每个区域对噪声的发射和抗扰度有不同的要求。对噪声高敏感元件,敏感区域在空间上最好用金属壳或在柜体内用接地隔板隔离。控制柜元件布局均匀,在含有变频器、伺服驱动器、开关电源等干扰源器件时,必须有抗干扰的措施,例如在输入端增加滤波器、交流电抗器、直流电抗器等抗干扰元件。强电器件和弱电器件分开布局,强电导线和弱电导线不在一起布局,且强电电缆不能形成环路,如必须在同一线槽内,需分开捆扎。控制柜内部的三相电机电缆布线时,一定要与其他控制信号线分开布局,如遇线缆交叉,应尽可能使它们按 90°角交叉。控制柜内部的导线推荐布置在走线槽内。交流线、直流线走线在图纸上注明,若条件允许,分线槽走线最好,这不仅能使其尽可能大的空间距离,还能将干扰降到最低限度。控制柜面板端电缆和走线需要绑扎整齐,用螺旋套管套接,避免开关门对电缆造成磨损和挤压。嵌入式单片机、PLC 的输入和输出线最好也能分开走线。印制板级的布局,不要和上述干扰源器件布局在一起,尽量远离。控制柜内部的接线位置或装配位置要有足够空间,以满足生产人员使用电动工具和手动工具加工制造。

控制柜需预留一定的布局空间,建议 20% 左右。电气元件和电路的布置应便于操作和维修,同时要保证必要的安全等级。控制柜门的开门角度应≥120°,避免开门不畅,造成操作不便。对于经常需要开门操作和维护的控制柜推荐做照明设计,开门灯亮,关门灯灭。控制柜内部推荐做一个设备文件存放处和易损元器件存放处。控制柜面板开关、指示灯要求高度适中,界面友好,布局合理,标识清楚。对于非安全电压供电的控制柜,面板应有防触电等安全警告标志。

控制柜内部除电源线、通信线和特制的连接电缆以外,其他的输入输出接口都通过端子进行转接,或者是嵌入控制柜壳体的接插件。也就是说,控制柜内部所有的线已经连接好,对外的接口都是统一的端子排或者接插件,端子排每个点的定义明确,不得一个点有多个定义。原则上每个点只能连接一根导线。端子排的定义必须强弱电分开,大小电流分开,端子要有编号,端子上有专门的接地端。有防水要求的控制柜,为达到 IP55 标准,控制柜到外部的连接电缆需要穿孔的,必须加适配直径的防水密封接头,每个接头只能通过一根电缆。不能一个接头穿多根电缆,对每个接口孔定义清晰,不能乱穿电缆。控制柜壳体上有多个接插件的情况下,接口必须在大小或者形状或者接线点数上有区别,避免误插。控制柜门和控制柜壳体必须等电位连接,控制柜内部的保护接地点必须与保护大地连接可靠。接地线为黄/绿颜色导线或接地铜编织网,接地汇流排推荐使用紫铜材质汇流排。

5. 控制柜电气功能设计

控制柜作为非标低压控制设备,电气功能指标需满足制造商与用户的协议要求。在设计控制柜功能时,为了保证一次设备运行可靠与安全,需要有许多辅助电气设备为之服务。能够实现某项控制功能的若干个电器组件的组合,称为控制回路或二次回路。这些设备需要具备以下四种功能。

①自动控制功能。控制柜需要控制的执行机构数量多,高压和大电流开关设备的体积大,一般采用控制系统来控制分、合闸,特别是设备出了故障时,需要开关自动切断电路,因此需要有一套自动控制的电气操作设备,对供电设备进行自动控制。但在安装、调试及紧急事故的处理中,控制线路中还需要设置手动环节,通过组合开关或转换开关等实现自动与手动方式的转换。

②保护功能。电气设备与线路在运行过程中会发生故障,电流(或电压)会超过设备与线路允许工作的范围和限度,这就需要一套检测这些故障信号并对设备和线路进行自动调整(断开、切换等)的保护设备。

③监视功能。电是眼睛看不见的,一台设备是否运行或停机、供电是否偏相、检测信号是否准确等从外表上看无法分辨,这就需要各种视听信号,如指示灯、蜂鸣器、扬声器等,对一次设备和控制回路元件的可靠性进行电气监视。

④测量功能。指示灯、扬声器只能定性地表明设备的工作状态,如果想定量地知道电气设备的工作情况,还需要有各种仪表测量设备,测量线路的各种参数,如电压、电流、频率和功率的大小等。

控制柜常用的控制线路主要由电源供电回路、保护回路、信号回路、自动与手动回路、检测回路、制动停车回路、自锁与闭锁回路等组成。在供电回路电源通常有 380 V 和 220 V 两种,保护回路主要对电气设备和控制线路进行短路、过载、欠压等保护,此外还兼具雷击和开关噪声的泄放。需要注意的是,在控制感性元件的过程中,需要对负载的阻抗和激励电压进行合理匹配,当漏电流乘以控制负载有效端口电阻超过控制电压吸合、释放电压范围时,控制系统将处于暂稳态,系统控制失效,尤其应关注接触器、继电器等高阻态线圈元件以及布线等效阻抗的特性。畜禽舍还具备较多的保护检测与反馈控制机构,如喂料线的饲料状态检测、行车行驶到位检测、系统供电欠压控制保护等。在系统运行突发状态下,须切断电路的供电电源,并采取某些制动措施,使电动机迅速停车。自锁及闭锁回路,启动按钮松开后,线路保持通电,电气设备能继续工作的电气环节,叫自锁环节,如接触器的动合触点串联在线圈电路中。两台或两台以上的电气装置和组件,为了保证设备运行的安全与可靠,只能一台通电启动,另一台不能通电启动的保护环节,叫闭锁环节,如两个接触器的动断触点分别串联在对方的线圈电路中。典型的实例就是鸡舍进风口、进风窗、行车等正反向运行的执行机构,在控制这一类型的设备中,既有自动与手动控制、信号检测、制动停车等电路控制回路,同时还有软件闭锁、机械闭锁等冗余保护电路。

电气元件的选择。低压控制设计所选用的电气元件,应符合国家现行的有关产品标准,并符合下列规定。

①电气元件应适应所在场所及其环境条件。
②电气元件的额定频率应与所在回路的频率相适应。
③电气元件的额定电压应与所在回路的标称电压相适应。
④电器的额定电流不应小于所在回路的计算电流。
⑤电器应满足短路条件下的动稳定与热稳定的要求。

⑥用于断开短路电流的电器应满足短路条件下的接通能力和分断能力。

⑦控制柜内元件应有能清楚标示其功能的标识和位号,并能从相关文件中查询到详细信息。

当维护、测试和检修设备需断开电源时,应设置隔离电器,且宜采用同时断开电源所有极的隔离电器或彼此靠近的单极隔离器。当隔离电器误操作会造成严重事故时,应采取防止误操作的措施。断开触头之间的隔离距离,应可见或能明显标示"闭合"和"断开"状态。隔离器件应能防止意外的闭合,应有防止意外断开隔离电器的锁定措施。半导体开关电器严禁作为隔离器件。独立控制电气装置电路的每一部分,均应装设功能性开关电器。采用剩余电路动作保护电器的额定剩余不动作电流,应大于负荷正常运行时预期出现的对地泄漏电流。对于鸡舍,剩余电路动作保护电器须加装在容易引起漏电流并导致人身伤害的电器前端,如照明、水泵、喷雾电机以及移动的执行机构前端。

导体的选择。导体作为控制柜内部电器组装重要的中间件,导体的载流量不应小于计算电流,同时应满足动稳定和热稳定要求。导体最小截面积应满足机械强度要求。此外控制柜外接导体,应满足最高运行温度下标称载流量要求,建议预留20%以上余量。导体两端标注能够清楚反映该导体去向的标识,端头用护套保护。控制柜导体护套推荐用白色,但不排除制造商与用户协议的护套颜色。

(三)EI系列控制柜

EI系列控制柜产品已经形成四大系列数十种产品,涵盖肉鸡笼养、肉鸡平养、鸭笼养、蛋鸡、种猪等畜禽养殖控制柜产品各个领域,既可满足规模养殖场交钥匙工程,也可适应家庭农场单套产品的方案设计和交付。

EI系列控制柜型号及参数见表4-2-2。产品紧贴市场需求,通过不断完善功能,同时在生产流程控制上尽可能做到极致,增强了市场核心竞争力。在使用环境上,EI系列产品可在平均空气温度-40 ℃的极寒室外地区使用,也可在平均空气温度40 ℃非洲沙漠干旱地区应用。在保护功能上,EI系列控制柜可满足环境温度自适应调控、B级防雷、多种故障报警提示。在元器件品牌选用上,已与合资品牌Schneider、Siemens、ABB、Omron、Phoenix建立了长期战略合作关系,同时大力推广正泰电气股份有限公司、常熟开关制造有限公司(原常熟开关厂)、德力西电气有限公司、浙江天正电气股份有限公司等中国本土公司产品的应

表4-2-2　EI系列控制柜型号及参数

序号	型号	外形尺寸 (mm×mm×mm)	适用情况
1	EI-BK	1 200×1 080×220 壁挂式	30路负载控制,适用于标准平养禽舍全套设备控制
2	EI-BKⅡ	800×1 200×220 壁挂式	25路负载控制,分立柜设计,前后柜控制,适用于简易笼养全套设备控制
3	EI-LGK	800×2 200×400 立柜	40路负载控制,分立柜设计,前后柜控制,可多柜组合,适用于经济笼养、全自动化笼养等全套设备控制
4	EI-ZK EI-FJ	450×620×180 壁挂式 450×310×180 壁挂式	8路负载控制,控制路数少,适用于功能定制型用户 4路负载控制,适用于功能定制型用户

用,给用户提供了多重选择。在功能控制上,EI系列产品严格遵守供需双方技术协议,同时给客户提供较为完善的服务。在成本控制上,EI系列产品在保证产品质量的前提下,坚持够用即可原则,为客户提供高性价比产品。

(四)鸡舍控制柜智能发展方向

随着德国工业4.0、美国工业互联网和"中国制造2025"规划的提出,新一轮的工业改革拉开序幕,这一切工业改革的核心都是智能化产品的生产,而鸡舍低压养殖配电柜也必将顺应这一潮流,将工业化的先进元素糅进产品设计中。

当前鸡舍控制柜产品仅对执行机构完成基本的控制,在信息记录、网络通信、智能集中控制方面还有很大发展空间。当前不能对现有工业元器件产品接口进行标准化,这给控制系统集成制造商带来了发展契机,一种一体化集中控制柜将很快在养殖行业发展壮大。这种控制柜集执行机构控制、端口防雷击保护、电能监视、信号收集、信息分析、智能算法、专家控制、人机交互、远程控制于一体,它摒弃了功能相当的执行机构控制柜类型不一致的弊端,在可以自选执行机构的同时,前端的控制系统又得到统一,便于用户端的管理。简单的理解就是,用户选择所需要的不同设备供应商的执行机构单元,但控制柜由一家专业系统供应商设计。

随着二次线路电器元件的技术变革,智能化的电气元件会快速推出,除了具有检测功能,还具备标准的通信接口,这样的元件被称作远程测控终端(remote terminal unit,RTU)产品。当RTU产品具备标准的通信协议(如Modbus协议)时,电器元件、装置、控制器经由网络协议(如以太网)可互相通信。当所有的RTU产品通过通信协议采集器将信息传递至云端服务器时,通过软件设计,整个养殖舍的状态将清晰展现,用户可方便地通过移动终端或计算机进行访问和控制。

当前工业级的RTU产品已经大量应用,如智能电表、智能水表、$PM_{2.5}$监测、化学需氧量(chemical oxygen demand,COD)监测等,都可远程访问仪表、装置的运行状态和监测信息。元器件的智能化快速发展,虽然对农业领域控制柜应用端渗透有一定时延,但未来3~5年,低时延、低功耗、低售价的RTU产品必将如雨后春笋般上市,鸡舍所有信息收集由有线方式改进为无线传输不无可能,面向RTU产品的低压电气配电柜也正在离我们越来越近。

三、鸡舍环境控制系统

鸡舍环境控制是指根据鸡只的生长需要,使用相应的环境设备对影响鸡只健康以及生产性能的环境因素进行调节,以给鸡只提供最舒适的舍内环境。

随着人们对食品安全的关注,崇尚绿色、自然、无公害食品,生产安全、优质、新鲜的畜产品已成大势所趋。改善鸡舍内的环境,控制疾病,提高鸡只生产性能,获取更多的利润,是饲养者最为关注的问题。加强鸡舍内的环境控制,既是保障消费者健康消费的需要,也是增加出口的需要,因此,研究鸡舍内的环境对鸡只健康以及生产性能的影响具有重要意义。影响鸡只健康以及生产性能的因素主要包括通风、温度、湿度、空气质量、光照等几个方面。

1. 通风

鸡舍的通风就是通过机械的方式把舍内的有害气体(如一氧化碳、二氧化碳、硫化氢、氨气等)、多余的水汽及粉尘排出舍外,并把舍外的新鲜空气引入舍内,让新鲜的空气均匀分布于舍内,使舍内的空气质量达到适合鸡只生长所需的环境要求,既满足鸡只对氧气的需求,又不会对鸡只造成冷应激。良好的通风可以调节鸡舍内的温度,辅助控制相对湿度,从而确保鸡只的健康生长以及生产性能的发挥。

通风的作用如下:

①提供充足的氧气以利于新陈代谢,保证最小通风量(冬天换气)。

②调节舍内温度,防止热应激,风冷效应(夏天降温)。

③调节舍内湿度(相对湿度大于70%影响生长,相对湿度小于40%容易导致粉尘多,诱发呼吸道疾病)。

④排出有害气体和粉尘(如氨气、硫化氢、一氧化碳、二氧化碳等)。

鸡舍的换气量与舍外温度以及鸡只的体重密切相关,见表4-2-3。

表 4-2-3　鸡舍换气量与舍外温度的关系

舍外温度/℃	鸡舍最低换气量/[m^3/(kg·min)]
小于 4	0.03
4~15	0.05

2. 温度

雏鸡由于缺乏体温调节能力,需要人为提供适宜的温度。当舍内温度过高时,会造成鸡只烦躁不安,鸡会拥向远离热源的墙壁,采食量下降,饮水增加,生长速度下降,并且容易脱水;当舍内温度过低时,鸡只容易拥向热源,产生扎堆,造成鸡压死的现象而增加死亡率,还会造成生长速度下降,引起呼吸道疾病,消化不良,采食量增加,增加饲料消耗。

获得最佳生产性能的关键是为鸡只提供协调一致的环境,任何温度的波动都会引起鸡只的应激。需要引起注意的是,鸡只的适宜温度范围受体重、通风量(风速)、采食量、相对湿度和环境温度的影响。图4-2-2所示为肉鸡适宜生长温度范围。

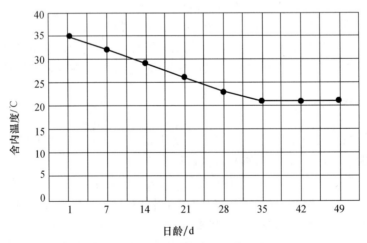

图 4-2-2　肉鸡适宜生长温度范围

育雏温度第一周为33~35 ℃,以后温度以每周降3 ℃,至35日龄的21 ℃止。35日龄前需要特别重视温度,注意温控,35日龄后舍内温度的变动范围在19~24 ℃。21 ℃是肉鸡实现最佳生产性能的温度。

3. 湿度

湿度即空气中的含水量,适当的湿度与鸡只正常发育密切相关。湿度过低,鸡舍干燥灰尘大,雏鸡容易出现脱水,卵黄吸收不良,羽毛发干甚至死亡;成鸡容易出现黏膜干裂,对病原微生物的防御能力降低,易发大肠杆菌病和沙门氏菌病等。湿度过高,细菌繁殖快,容易加快病原微生物和寄生虫的繁殖,诱发疾病,使鸡只感染大肠杆菌、球虫、霉菌等病菌的风险增加。在低温高湿环境中,空气热容量大,易导致鸡只因失热过多而受寒感冒,同时由于鸡只散热量大增,相应的增重、生长发育就越慢;在高温高湿环境中,因散热困难,容易导致鸡只采食量下降,甚至会引起鸡只中暑死亡。鸡舍适宜湿度范围见表4-2-4。

表 4-2-4 鸡舍适宜湿度范围

周龄	1	2	3	4	5	出栏
相对湿度	60%～65%	55%～60%	50%～55%	45%～50%	40%～50%	40%～50%

鸡舍内湿度的来源如图4-2-3所示。

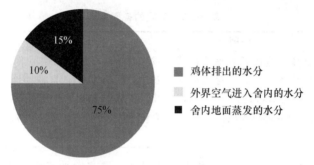

图 4-2-3 鸡舍内湿度的来源

- 鸡体排出的水分
- 外界空气进入舍内的水分
- 舍内地面蒸发的水分

4. 空气质量

在集约化、规模化、自动化的养殖模式中,由于鸡舍的密闭性非常好,且饲养密度大,鸡只在生长过程中会产生大量的氨气(NH_3)、硫化氢(H_2S)、一氧化碳(CO)、二氧化碳(CO_2)等不利于鸡只生产的气体。当NH_3浓度过高时,会造成鸡只黏膜的碱损伤和全身碱中毒、黏膜充血症、呼吸道疾病和贫血,严重时还会导致黏膜水肿、肺水肿和中枢神经中毒性麻痹;当H_2S浓度过高时,会造成鸡只黏膜充血、水肿和酸中毒;当CO_2浓度过高时,会造成鸡只缺氧,严重时会导致鸡只死亡。鸡舍气体含量浓度标准见表4-2-5。

表 4-2-5 鸡舍气体含量浓度标准　　　　　　　　　　　　　　　　　　mL/L

成分	致死浓度	适宜浓度
CO_2	≥300	≤10
CH_4	≥50	≤10
NH_3	≥0.05	≤0.04
H_2S	≥0.05	≤0.04
O_2	≤60	≥196

综上所述,鸡舍内的空气质量在饲养过程中至关重要,直接影响肉鸡的饲养效果。因此,一方面需要使用相应的环境设备将鸡舍内的污浊空气、病原微生物、灰尘和水汽等排出

鸡舍外,减少它们对鸡只生长发育造成的不利影响;另一方面,还需要使外界的新鲜空气进入鸡舍内,促进鸡只的快速生长。鸡舍空气质量要求见表4-2-6。

表 4-2-6　鸡舍空气质量要求

成分	鸡舍空气质量要求	成分	鸡舍空气质量要求
O_2	>196 mL/L	NH_3	<0.01 mL/L
CO_2	<3 mL/L	相对湿度	45%~65%
CO	<0.01 mL/L	可吸入性灰尘	<3.4 mg/m³

5. 光照

光照是肉鸡管理的关键环节,是取得最佳生产成绩的主要因素之一。光照程序的制定不仅要考虑肉鸡的生理变化和生长发育特点,还要考虑节能降耗,避免7~21日龄或之后的鸡只发生猝死或腿病等。在光照程序制定时,要确保鸡舍内各处的光照强度均匀一致。光照的各要素见表4-2-7。

表 4-2-7　光照的各要素

光照来源	光照时间	光照强度	光照颜色
自然/人工光照	光照时间的长短与鸡的性成熟日龄密切相关。育成期光照时间过短将延迟性成熟,时间过长则提前性成熟	过强的光照可使鸡烦躁不安,造成严重的啄癖、脱肛或神经质。低强度光照会使鸡的采食量下降,饮水减少,生长受阻	绿、蓝:增加身体生长; 红、橙、黄:加快性成熟; 绿、蓝:减慢性成熟

控制光照主要是控制光照的时间和光照的强度。肉鸡的光照程序制定时需要注意以下两点:

①光照的时间尽可能长。这是延长鸡的采食时间、适应快速成长、缩短生长周期的需要。

②光照的强度尽可能弱,这是为了减少鸡的兴奋和运动,提高饲料效率。

肉鸡光照程序(建议)见表4-2-8。

表 4-2-8　肉鸡光照程序

出栏体重/kg	日龄	光照强度/lx	光照时间
≤2.5	0~7 日	30~40	23 h 开灯,1 h 关灯
	8 日至出栏前 3 日	5~10	20 h 开灯,4 h 关灯
>2.5	0~7 日	30~40	23 h 开灯,1 h 关灯
	8 日至出栏前 3 日	5~10	18 h 开灯,6 h 关灯

综上所述,鸡舍的环境控制系统主要包括5大部分设备,见表4-2-9。

表 4-2-9　环境控制系统的组成

通风设备	降温设备	加热设备	加湿设备	光照设备
风机(横向风机、纵向风机、屋顶风机、搅拌风机)、进风窗、进风口	湿帘、喷雾	热水循环加热、加热器、热回收、空气能加热	喷雾	照明灯

四、通风设备

1. 横向风机(箱式 36 英寸风机)

(1)横向风机的使用

横向风机即箱式 36 英寸风机,布置在鸡舍末端墙或两侧山墙上,冬春季节配合进风窗在鸡舍最小通风或过渡通风时使用,既可以带走鸡舍内的废气、粉尘、水分、多余的热量,还可以提供肉鸡生长所需要的新鲜空气。

(2)横向风机的特点

①优质镀锌板外壳,耐腐蚀,寿命长。

②推杆式自动开启结构,稳定性好,故障率低。风机启动时,百叶窗通过打开机构自动打开,打开角度水平,使风阻最小。整机运行平稳,振动小、噪声低,风量始终如一。停止后,百叶窗在重力与拉簧的作用下关闭并密封,百叶片之间配合紧密,密封效果佳。

③由于风机没有集风罩,通过风机排出的气流发散较快,且风阻大,因此风机的能效较低,节能性较差。

(3)横向风机的应用

横向风机(箱式 36 英寸风机)的数量按照公式(4-2-1)计算:

$$N_{36} = Q_{通风量}/(0.8 \times Q_{36}) \qquad (4\text{-}2\text{-}1)$$

式中:N_{36}——箱式 36 英寸风机的数量,取整(个);

$Q_{通风量}$——鸡舍的最小通风量($\mathrm{m^3/h}$);

0.8——箱式 36 英寸风机的系数;

Q_{36}——单台箱式 36 英寸风机的通风量($\mathrm{m^3/h}$)。

2. 纵向风机(箱式 50 英寸风机)

(1)纵向风机的使用

纵向风机即箱式 50 英寸风机,布置在鸡舍末端墙上,夏秋季节配合湿帘、进风口在鸡舍纵向通风(隧道通风)时使用,既可以带走鸡舍内的废气、粉尘、水分、多余的热量,还可以提供肉鸡生长所需要的新鲜空气。

(2)纵向风机的特点

纵向风机按照结构形式可以分为箱式 50 英寸百叶窗风机和 50 英寸拢风筒风机两种。

①箱式 50 英寸百叶窗风机的特点。与箱式 36 英寸风机的特点相同。

②50 英寸拢风筒风机的特点如下:

a. 优质镀锌板外壳,耐腐蚀,寿命长。

b. 通过气流对蝴蝶门的推力与弹簧的拉力来实现蝴蝶门的开关。当风机叶片启动时,通过气流对蝴蝶门产生的瞬间推力将蝴蝶门推开;风机叶片运行过程中,通过气流对蝴蝶门的推力与蝴蝶门上调节弹簧的拉力之间形成平衡,保持蝴蝶门处于完全打开状态;当风机叶片停止运行时,通过蝴蝶门上调节弹簧的拉力将蝴蝶门关闭。

c. 风机出风口处安装有集风罩设备,排出的气流不容易发散,并且气流的风阻小,能效比大,节能效果好。可使通风量增大 15%,能耗降低 12%～15%。

(3)纵向风机的应用

纵向风机主要应用于鸡舍的隧道通风过程,在最小通风和过渡通风时也可以使用,但相对使用得较少。纵向风机布置在鸡舍的末端山墙上,根据鸡舍的尺寸,分2排/3排均布;风机的数量根据鸡舍的横截面积、风机风量及截面风速要求可计算得出。

①鸡舍的横截面积按照公式(4-2-2)进行计算:

$$S_{截}=W\times h+W\times(H-h)/2 \qquad (4\text{-}2\text{-}2)$$

式中:$S_{截}$——鸡舍的横截面积(m^2);

    W——鸡舍的宽度(m);

    h——鸡舍的檐高(m);

    H——鸡舍的脊高(m)。

②鸡舍的总通风量按照公式(4-2-3)进行计算:

$$Q_{总}=S_{截}\times 3\,600\times V \qquad (4\text{-}2\text{-}3)$$

式中:$Q_{总}$——鸡舍的总通风量(m^3/h);

    $S_{截}$——鸡舍的横截面积(m^2);

    V——鸡舍内期望的风速(m/s)。

③纵向风机的数量(即箱式50英寸风机的数量)按照公式(4-2-4)进行计算:

$$N_{50}=Q_{总}/(Q_{50}\times 0.8) \qquad (4\text{-}2\text{-}4)$$

式中:N_{50}——箱式50英寸风机的数量,取整(个);

    $Q_{总}$——鸡舍的总通风量(m^3/h);

    Q_{50}——单台箱式50英寸风机的风量(m^3/h);

    0.8——箱式50英寸风机的系数。

3. 屋顶风机

(1)屋顶风机的使用

屋顶风机安装在鸡舍屋顶上,冬春季节配合进风窗在鸡舍最小通风或过渡通风时使用,既可以带走鸡舍内的废气、粉尘、水分、多余的热量,还可以提供肉鸡生长所需要的新鲜空气。

EI-FJ/D屋顶风机用来从禽舍中抽取空气,具有通风、变频调速、风门开关等功能。屋顶风机的构造如图4-2-4所示。屋顶风机的参数见表4-2-10。

(2)屋顶风机的特点

①外壳采用玻璃钢材质,耐腐蚀,强度高,寿命长。

②叶片采用铝板压铸成型,强度高,不易变形。

③采用直驱安装,传动效率高,稳定性好。

(3)屋顶风机的应用

①屋顶风机的数量按公式(4-2-5)计算。

$$N_{屋顶}=Q_{通风量}/(0.8\times Q_{屋顶}) \qquad (4\text{-}2\text{-}5)$$

式中:$N_{屋顶}$——屋顶风机的数量,取整(个);

    $Q_{通风量}$——鸡舍的最小通风量(m^3/h);

    0.8——屋顶风机的系数;

    $Q_{屋顶}$——单台屋顶风机的通风量(m^3/h)。

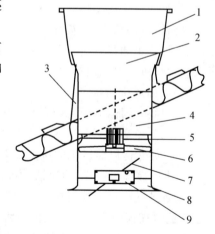

1. 上风口　2. 变径风管　3. 屋顶座
4. 中间风管　5. 电机　6. 扇叶
7. 风门　8. 下风口组件　9. 风阀

图4-2-4　屋顶风机的构造

表 4-2-10 屋顶风机的参数

项目	参数
风量	禽舍静压在 0 Pa 时,风量为 12 700 m³/h 禽舍静压在 −20 Pa 时,风量为 11 800 m³/h
电机功率	750 W
电机电源	AC 380 V/220 V,±10%;50 Hz
电机防水等级	IP55
变频电机调压范围	0～50 Hz
风阀电源	DC 24 V
使用环境要求	环境温度 −10～40 ℃

②屋顶风机的控制应用。屋顶风机风量较小,一般在温度较低地区鸡舍进行最小通风时使用。屋顶风机在鸡舍中心线前后交错布局,分 3～4 组进行控制。

根据鸡舍育雏区域的不同来分组,中间育雏时,屋顶风机一般分为 4 组,最中间两台风机各为一组,距离中间 2 台风机较近的 2～3 台风机为一组,距离两端墙最近的 2～3 台风机为一组。

育雏时先开中间位置的屋顶风机,随着肉鸡体重的不断增加,逐步增加屋顶风机开启的数量,由中间向两端逐步增加。通过通风量的计算,当屋顶风机全部开启后仍不能满足肉鸡的最小通风时,进入过渡通风阶段。

4. 搅拌风机

(1)搅拌风机的使用

搅拌风机主要在笼养鸡舍内使用,安装在鸡舍屋顶上,可以减小雏鸡舍上下层之间的温差,降低鸡舍加热费用,提高上下层温度的均匀性。

(2)搅拌风机的特点

①叶片按照空气动力学设计,顶端弯曲,提供最大的空气流动。

②精密平衡的轻质铝制叶片,运行安静平稳。

③橡胶密封球轴承,持久耐用。

④所有金属外壳和叶片均采用耐腐蚀环氧底漆和表面涂层。

⑤电动机采用氯丁橡胶密封外壳;电容封装,抗风化设计;高品质矽钢电机,确保提供最大功效。

(3)搅拌风机的应用

搅拌风机用于 4 层及以上笼具的笼养舍,主要作用是通过风机的搅拌作用,减小上下层之间的温差,使温度场更加均匀。搅拌风机布置在除最两侧外的其他过道上,交错布置。

搅拌风机可以提供最佳的空气分配、最大的风量,确保室内空气流通无死角,均衡室内温度。在夏季炎热时,搅拌风机可为肉鸡提供凉爽空气,减少热应激。冬天寒冷时,可以将聚集在建筑物上部的暖空气吹散到下部,从而大大降低加热成本。

搅拌风机的运行成本非常低,最小功率仅为 90 W,它可使肉鸡生长状态稳定,舍内温度均衡,减少热应激,将能量偿还时间降至最短,使舍内地面干燥,顶棚或建筑上结露减少,以此来达到节能效果。

5. 进风窗

(1)进风窗的使用

进风窗布置在鸡舍前端山墙或两侧山墙上,冬春季节配合横向风机或屋顶风机在鸡舍最小通风或过渡通风时使用,为肉鸡提供生长所需要的新鲜空气。进风窗的结构如图 4-2-5 所示。

(2)进风窗的工作原理

进风窗是根据禽舍环境控制器对禽舍环境的监控,来对禽舍的进气量及进气角度进行控制以获得最佳的环境的。

进风窗主要工作原理:进风窗向禽舍内提供新鲜空气,调节舍内负压的装置。当风机开启时,在负压作用下,新鲜空气经进风窗进入禽舍。随着风机开启数量的增加,禽舍内的负压增大,进风窗的开度随之加大。在不同的季节根据气温和通风量的要求,通过开启进风窗的风门调节进气量和进气角度,可以精确地开启不同的角度。当寒冷空气通过进风窗时,进风窗的风门向上倾斜打开,冷风向上进入禽舍顶,和室内的暖空气混合后,下沉到鸡背位置。如果室外温度适宜,进风窗的风门将全部开启(可略低于水平角度),空气水平或稍微向下进入禽舍。

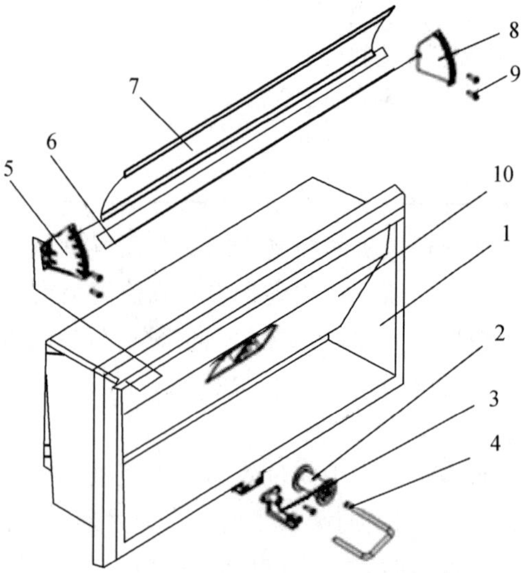

(3)进风窗的应用

鸡舍通风换气,主要依靠开闭门窗、通风

1. 进风窗壳体 2. 长滑轮 3. 挡座和短滑轮
4.“U”形支架 5. 导流板支架(左) 6. 转轴
7. 导流板 8. 导流板支架(右)
9. 自攻螺钉 ST4.8×16 10. 门组件

图 4-2-5 进风窗的结构

孔等进行。冬春季节气温较低时,应防止冷风直接吹向鸡只。根据鸡只密度和日龄的大小,风力的大小,有害气体的浓度等决定开关门窗的次数、角度、时间长短,从而既能保持室内空气新鲜,又能保持适宜的温度。在环境温度低于设定温度或雏鸡日龄小于 21 日时,尽量用进风窗进风。

进风窗的数量与饲养量、饲养品种、通风系数、进风窗的通风量、鸡只出栏的平均体重、进风窗的系数有关。

鸡舍的最小通风量按照公式(4-2-6)进行计算:

$$Q_{通风量} = 1.2 \times g \times D \tag{4-2-6}$$

式中:$Q_{通风量}$——鸡舍的最小通风量(m^3/h);

1.2——通风系数,即鸡只单位体重每小时需要的通风量[$m^3/(h \cdot kg)$],鸡只品种不同,通风系数不同;

g——鸡只出栏时的平均体重(kg);

D——鸡只的饲养量(只)。

进风窗数量按照公式(4-2-7)进行计算:

$$N_{进风窗} = (Q_{通风量} \times 1.6)/Q_{进风窗} \tag{4-2-7}$$

式中：$N_{进风窗}$——进风窗的数量，取整（个）；

　　$Q_{通风量}$——鸡舍的最小通风量（m³/h）；

　　1.6——进风窗的系数；

　　$Q_{进风窗}$——进风窗的通风量，根据所选进风窗确定（m³/h）。

6. 进风口

（1）进风口的使用

进风口布置在鸡舍前端山墙或两端侧墙上，夏秋季节配合湿帘、纵向风机在鸡舍纵向通风（隧道通风）时使用，或冬春季节配合进风窗、横向风机在鸡舍过渡通风时使用，为肉鸡提供生长所需要的新鲜空气。

（2）进风口的应用

进风口系统用来在炎热的夏季向禽舍内提供新鲜、风速适度、凉爽的空气，在寒冷的冬季密封进风口以达到禽舍内保温的效果。进风口系统通过调节门组件的开口角度调节湿帘进风口进入禽舍内的风压、风速及风向，从而达到理想的通风降温效果，而完全关闭后良好的箱板材质及密封效果很好的密封条又可以起到良好的保温作用，为用户节省大量的供暖资金。

为了保证夏季鸡舍内没有通风死角，湿帘进风口开口大小的原则是，要保证每侧进入鸡舍的风都能到达鸡舍的中间。计算进风口面积前先计算湿帘的面积，进风口面积要求不低于湿帘面积的75%，尽量取大值。

①进风口的面积按照公式（4-2-8）进行计算：

$$S_{进风口} \geqslant S_{湿帘} \times 75\% \tag{4-2-8}$$

式中：$S_{进风口}$——进风口的面积（m²）；

　　$S_{湿帘}$——湿帘的面积（m²）。

②进风口的长度按照公式（4-2-9）进行计算：

$$L_{进风口} = S_{进风口} / H_{进风口} \tag{4-2-9}$$

式中：$L_{进风口}$——进风口的总长度（m）；

　　$S_{进风口}$——进风口的面积（m²）；

　　$H_{进风口}$——进风口的高度（m）。

五、降温、加湿设备

1. 湿帘

（1）湿帘的工作原理

湿帘降温系统和进风口、风机配合使用，主要用于禽舍降温，也可用于禽舍增湿。湿帘降温系统主要采用"湿帘—负压风机"模式进行工作，湿帘降温的原理是蒸发降温，通过水分蒸发吸收环境热量的原理来实现。当风机启动时，室内空气被风机抽出室外，室内与室外之间产生一个负压，在负压的作用下室外热空气被吸入布满冷却水的湿帘纸，湿帘纸上的水膜吸收空气中的热量蒸发成水蒸气从而使冷却水由液态转化为气态；水分蒸发的过程中吸收大量的热量，使通过湿帘纸的室外空气温度迅速下降、湿度增加，温度下降的室外空气与室内的热空气混合，从而达到降低室内温度、增加室内湿度的效果。湿帘系统结构如图4-2-6所示，其零部件名称和规格见表4-2-11。

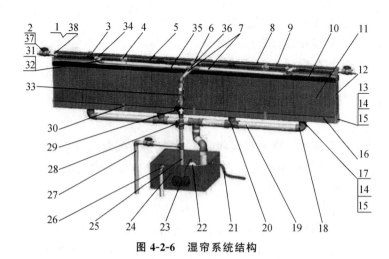

图 4-2-6　湿帘系统结构

表 4-2-11　湿帘系统零部件名称和规格

序号	名称和规格	备注	序号	名称和规格	备注
1	φ32 管封	两者选一	20	φ75 三通	
2	φ32 球阀(可配弯头)		21	补水管(接自来水)	
3	φ32 束结		22	浮球阀(配水罐水箱)	选用
4	喷水管托架		23	潜水泵	
5	φ32 喷水管		24	蓄水池或水罐	
6	变径三通(φ32×φ40)		25	φ40 软管或 PVC 管	
7	φ40 上水管		26	溢流水出口	
8	半圆形反水板		27	潜水泵排放阀	
9	疏水湿帘		28	φ40 球阀	
10	上挡板		29	上水过滤器	
11	湿帘		30	铝型材接头	
12	侧挡板		31	φ40 弯头	
13	塑料堵板		32	变径圈 φ40×φ32	
14	抽芯铆钉		33	φ40 活接	
15	玻璃胶		34	φ32 三通	
16	上下框架		35	φ40 管卡	
17	φ75 直通		36	φ40 三通	
18	φ75 弯头		37	φ32 PVC 水管	
19	φ75 回水管、管卡		38	PVC 胶水	

(2)湿帘纸的选用原则

湿帘纸的过帘风速是影响湿帘降温效果的重要参数,风速越大,风阻越大;湿帘纸越厚,风阻越大。对于 100 mm 厚的湿帘,一般取风速 1.0～1.5 m/s;对于 150 mm 厚的湿帘,一般取风速 1.5～2.0 m/s。风速越低,水在湿帘纸里停留的时间越长,进入禽舍的空气湿度越大,降温效率越高;风速越高,水在湿帘纸里停留的时间越短,进入禽舍的空气湿度越小,降温效率越低,但禽舍内风速越大。南方地区速度取小值,北方地区速度取大值,干热地区用 100 mm 厚的湿帘纸(如新疆),湿度大的地区用 150 mm 厚的湿帘纸(如海南)。

北方干燥地区,由于空气比较干燥,通常选择 7090 型湿帘,风速低,外界空气经过湿帘的时间久,空气的湿度大,降温效率高;南方潮湿地区,由于空气湿度大,此时再增加空气湿度也无法降低鸡舍的温度,需要提高风速来进行降温,此时多选择 7060 型湿帘,风阻小,风速高。

(3)蒸发冷却换热效率

在确定的过帘风速下,空气通过湿帘实际达到的饱和程度与理想过程空气可能达到的饱和程度之间的比率,数值上等于空气通过湿帘前后干球温度的差值除以空气通过湿帘前干球温度与湿球温度的差,即:

$$E = \frac{(T_0 - T_1)}{(T_0 - T_w)} \times 100\% \tag{4-2-10}$$

式中:E——换热效率;

T_0——湿帘前干球温度;

T_1——湿帘后干球温度;

T_w——湿帘前湿球温度。

(4)湿帘的应用

湿帘的蒸发降温效果与通过湿帘的风速、水温以及空气湿度有关;湿帘结构设计不同,通过湿帘的风速要求也不同,一般 150 mm 厚度的湿帘需要经过湿帘的风速为 1.8 m/s;水温不能太低,低温不易于蒸发,降温效果不佳;空气湿度太大,甚至接近饱和就很难再容纳水分,也不易于湿帘中水分的蒸发,降温效果同样会受影响。

湿帘降温要达到理想的效果,取决于通过湿帘的风速。当空气穿过 0.95 mm 孔径的水帘纸时,湿帘纸会产生阻力,空气与湿帘纸摩擦产生热量,导致水分蒸发,吸收空气中的热量,空气温度降低。同时,当空气遇到水时,进行热交换,使空气温度下降。只要湿帘纸的面积与纵向风机的排风量相匹配,就可以获得理想的湿帘风速。如果湿帘纸的面积不够,通过湿帘纸的风速太快(超过 2.29 m/s),那么就会使水脱离湿帘纸的表面而直接进入鸡舍,造成鸡舍湿度升高,舍内湿帘附近地面变湿。如果湿帘纸的面积过大,通过湿帘纸的风速太慢(低于 1.78 m/s),空气与湿帘纸摩擦产生的热量少,那么蒸发速度就会减慢,则温度下降效果也不明显。

①湿帘的面积按照公式(4-2-11)进行计算:

$$S_{湿帘} = (N_{50} \times Q_{50})/V_{湿帘} \tag{4-2-11}$$

式中:$S_{湿帘}$——湿帘的面积(m²);

N_{50}——50 英寸风机的数量;

Q_{50}——单台 50 英寸风机的风量(m³/h);

$V_{湿帘}$——湿帘的过帘风速(m/s);湿帘厚度为 100 mm 时,过帘风速为 1.0～1.5 m/s,当湿帘厚度为 150 mm 时,过帘风速为 1.5～2.0 m/s。

②湿帘的总长度按照公式(4-2-12)进行计算:

$$L_{湿帘} = S_{湿帘}/H_{湿帘} \tag{4-2-12}$$

式中:$L_{湿帘}$——湿帘的总长度(m);

$S_{湿帘}$——湿帘的面积(m²);

$H_{湿帘}$——湿帘的高度（m）。

（5）湿帘的维护和保养

①水质要求。为了保持湿帘的工作效果，须保持水源清洁，水的 pH 要求在 6～9，电导率小于 0.1 S/m。随着水的不断蒸发，不断补充新水，在水循环过程中，盐分和矿物质残留下来。为了减少形成沉淀和水垢，需要定期（最好每周 1 次，空气相对湿度低于 20% 的地区 2～3 d/次）打开湿帘端头的球阀来排出湿帘管道内的水，再注入清洁的水。冬季、育雏阶段的使用：冬季或育雏阶段一般不使用湿帘，应抽干水池内的水，盖好水池盖，把湿帘泵清洗干净放入仓库保管。

②水循环系统的清洗。定期清洗水池、循环水系统，保证供水清洁（通常每周 1 次）。如果客户使用的是水箱，为预防下雨天水箱漂浮而导致进水管折断，要求日常水箱内至少保存半箱水。

③湿帘纸的清理。保持水质良好可有效阻止湿帘表面藻类或其他微生物滋生。若湿帘表面藻类或其他微生物滋生，短期处理可向水中投放 3～5 mg/L 氯或溴，长期处理时浓度调为 1 mg/L；彻底晾干湿帘后，用软毛刷上下轻刷，避免横刷（可先刷一部分，检验一下该湿帘是否经得起刷），然后只启动供水系统，冲洗湿帘表面的水垢和藻类物质（避免用蒸汽或高压水冲洗湿帘）。

④鼠害预防。为预防鼠害，可通过加装防鼠网或在湿帘下部喷洒灭鼠药。

⑤水泵处理。在使用过程中要定期检查水池内的水位情况，水池内必须时刻保证足够的水，应避免池内水干枯，烧坏水泵，影响正常使用。水泵若一段时间不用，应放在清水中，通电运行 5 min，清洗泵内外泥浆，然后擦干涂防锈油置通风干燥处。

2. 喷雾

（1）喷雾的工作原理

喷雾系统是运用水对自然界气候调节的原理，通过过滤器将常温的水经过相应的处理，除去水中的杂质和有害元素，经过高压泵加压后输送到高压喷嘴，经由特制的喷嘴呈扇状旋转全面喷雾，均匀而迅速地扩散悬浮于空气中。雾的颗粒直径在 10～40 μm，喷雾长度在 1～3 m。雾颗粒在随循环风运行的同时与周围的热空气充分混合，吸收大量的热，同时被热空气蒸发，加速空气流动，使周围空气温度迅速降低，以达到雾化最佳效果，具有降温、消毒、增湿等功能。炎热夏季当舍内温度达 40 ℃ 以上时，喷雾系统能在几分钟内降低室内温度 3～8 ℃。

（2）喷雾系统的组成

喷雾降温设备包括主机系统、控制系统（EI 系列环境控制器）、过滤系统、喷嘴、配套高压管路（紫铜管路和 PE 管路）。

①主机系统。高压泵是喷雾系统的心脏。有皮带轮驱动柱塞泵和斜盘直接泵两种。在鸡舍内通常使用皮带轮驱动柱塞泵，可以方便地根据喷雾要求和使用场所的需要，来调节系统压力和流量的大小。主机输出压力：3.5～10 MPa，适应面积：10～20 000 m^2。主机参数见表 4-2-12。

②控制系统。可以实现高压监控、水压控制、失水保护、过电流和过热保护等功能。

③过滤系统。水处理是喷雾系统的最重要环节之一。水处理不仅能过滤水中的杂质、悬浮物，还能除去水中对鸡有害的氯元素及水溶性铅、铬等重金属。

表 4-2-12 主机参数

型号	流量/(L/min)	压力/MPa	功率/kW	3号喷嘴/个	2号喷嘴/个
3 HP	20	2~5	2.2	100~220	200~280
5 HP	30	2~5	3.7	220~300	280~440
7.5 HP	54	2~5	5.5	300~500	440~580
10 HP	55~120	2~5	7.5	500~1 200	580~1 800

④喷嘴。喷嘴的型号不同,喷嘴出水孔的大小也不同,所以喷嘴孔喷出的颗粒大小也不同。各种喷嘴的参数见表 4-2-13。

表 4-2-13 各种喷嘴的参数   m³/min

喷嘴		压力/MPa						
型号	尺寸	2.8	3.5	4.2	4.9	5.6	6.3	7.0
♯01	0.15 mm	0.029	0.033	0.036	0.038	0.041	0.044	0.046
♯02	0.2 mm	0.056	0.063	0.069	0.074	0.08	0.084	0.089
♯03	0.3 mm	0.092	0.103	0.113	0.122	0.13	0.138	0.145

⑤配套高压管路。由耐腐蚀的高压紫铜管、高压 PE 管和纯铜卡套式管接头组成。高压 PE 管具有耐腐蚀性,优异的耐环境开裂性,较好的耐高压性(可以承受 3~10 MPa 的水压),较好的耐冲击性,以及良好的卫生性能。高压紫铜管具有卓越的耐腐蚀性(可耐多种化学介质的侵蚀),以及较好的耐高压性(可以承受 3~11 MPa 的水压)。

(3)喷雾降温设备的性能指标

①雾滴细致。雾滴直径 10~40 μm,不同喷嘴对应不同的雾滴直径;平均雾滴直径在 25 μm 时,雾气不会沾湿衣服。

②雾化效果。雾流连续均匀,雾形完整;采用了内置螺旋不锈钢喷片喷嘴,雾气离开喷嘴 30 cm 后已完全雾化,遇到阻挡也不会积水、滴水。

③雾滴轻柔自然。雾气离开喷嘴即呈 75°漏斗状自然飘出,不会出现难看的、生硬射出的"雾箭"或"雾线"。直径 35 μm 的雾滴是景观应用中的最佳雾滴,在微风下,雾可自然飘腾 1~4 m;过细蒸发太快,雾量稀薄,过粗在空中停留时间太短,难以积聚。

(4)喷雾降温设备的使用

喷雾降温设备不仅具有夏季降温的作用,还能起到鸡舍加湿、除尘和带鸡消毒的作用。

①喷雾降温设备的使用条件。当全部纵向风机开启,湿帘开启,鸡舍温度高于 30 ℃,且相对湿度低于 80% 时,可在中午 12:00 后使用喷雾降温。

②喷雾降温设备使用前准备工作。首次使用前必须往油泵加注 30~40♯清洁机油(普通摩托车机油),使用压力保持在 3~4 MPa。开机前须查看供水是否充足、供电是否正常、机油是否饱满,开机前先开水。

(5)喷雾降温设备使用注意事项

①冬天气温很低,空舍期间,要放空管道中的存水,防止管道冻裂。

②禁止喷腐蚀性液体,如甲醛等。

③喷嘴每年最少清洗 2 次。长于 3 个月不使用应该拆下放置,以延长喷嘴的使用期。

④在使用过程中,要定期检查设备,要定期检查控制柜内接线端子处是否有松动的情况,检查热保护和继电器的工作状态。控制柜的门应时刻是关闭的,内部不要有灰尘。定期检查喷雾泵的线路和喷雾高压管路。

⑤操作前请确认水源是否干净,若有杂质流入,会堵塞喷嘴头,造成无法使用,从而缩短主机寿命。

六、加热设备

禽舍加热是禽类养殖过程至关重要的环节之一,不同地区、不同饲养模式下,加热系统的配置也不同。对于禽舍加热来说,节约能源是降低成本最重要的因素之一。理想的禽舍内部温度对家禽的健康和生产性能具有很大的影响,尤其是在肉鸡育雏阶段、寒冷的冬季、晚间、冷热交换的季节。禽舍的加热方式较多,近几年,随着国家对环保、环评的要求越来越高,燃煤加热方式受到了限制,部分地区已强制停止使用燃煤方式进行加热。随着加热方式的发展,更加环保的加热方式如空气能、热回收等应运而生。

禽舍一般分为两种模式:开放式与全密闭式。全密闭式禽舍如今已是市场主流,与开放式禽舍相比,全密闭式禽舍在加热能耗、通风管理、生产管理等方面均有一定的优势,且可控性比开放式的更好。根据地域、气候、能源配套能力不同,全密闭式禽舍加热的形式也有所不同,北方地区主要以锅炉、加热器、地暖管、空气能等形式为主,南方地区主要以燃气热风炉、电加热等形式为主。基于目前市场使用情况,主要的加热方式有:燃气热风炉、热辐射、锅炉、空气能源泵(空气能)、地暖(含地暖管)、热回收、电加热等。热风炉的种类有:

1. 箱式热风炉

箱式热风炉采用内部直接燃烧(燃气为主),通过动力风扇吹出热风的方式进行加热。

(1)优势与特点

①箱式热风炉离心风机工作噪声小,对禽群生长应激小,可控性好,能根据室内温度的变化情况及时地开关,为禽群生长提供温暖舒适的环境。

②箱式热风炉可支持天然气、液化气两种燃料使用,供不同地区用户选择。

③箱式热风炉性能稳定、可靠,经济性高,适合畜禽牧业使用(禽舍、猪舍、花卉或蔬菜大棚等)。

④燃料转换率高。可以将99%的燃料能量转化为热量(热空气),并吹到需要加热的空间里。

(2)安装布局

①平养禽舍。一般布置在禽舍的一侧或中心轴线位置上,一侧安装的热风炉出风口朝向另一侧;中心轴线悬挂安装的加热器出风口朝向禽舍的前、后端。

②笼养禽舍。安装在禽舍的两侧过道,两侧对称布局(若配置10台,则一边5台对称布局);可以选择升降式安装,也可以选择落地支架式安装。同时箱式热风炉还可满足室内外安装的要求,尤其是针对笼养禽舍中两侧过道空间有限,考虑到生产操作的方便性,一般可将箱式热风炉安装在室外,通过侧墙上的进气口,向禽舍内吹入热风。室外安装的优点是点火可靠性高,无缺氧点火失败的情况。箱式热风炉室外安装布局如图4-2-7所示。

(3)安装安全性

①调压器。风口要垂直向下;风口无堵塞,距离箱式热风炉不少于1.8 m,且不能放置

图 4-2-7　箱式热风炉室外安装布局

在地面上,防止污染物进入。

②沉淀物收集器。每个箱式热风炉需附带 1 个;垂直安装,用来收集气源和管道的污染物(油、管子胶合剂、管道碎片、鳞片等)。

③燃气软管。安装时须与箱式热风炉保持一定的距离,并且防止被鸡只啄食和栖息。

(4)检修的安全性

①燃气软管。检查是否有裂痕、切口,若软管出现开裂等,须及时更换。

②安全装置。高限位开关和空气验证开关都必须运行正常。

③清洗。一般情况下,每批鸡只出栏后清洗 1 次,清洗过程中要遵循所有的警告标识,进鸡前,需检查箱式热风炉是否运行正常。

④燃气管。需专业人员每年检查 1 次,检测燃气是否泄漏,管道是否老化。

2. 欧式热风炉

(1)应用与布局

欧式热风炉主要用于平养禽舍加热,一般布局在禽舍的两侧,运行时气流循环工作,带动舍内热空气流通,以满足禽舍加热需求。欧式热风炉安装布局如图 4-2-8 所示。

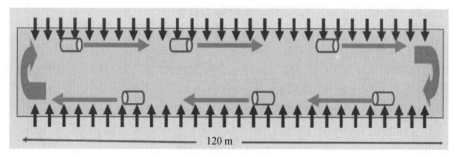

120 m

图 4-2-8　欧式热风炉安装布局

(2)优势与特点

①欧式热风炉适用于平养模式,热风炉喷射射程较远,通过与引风机的配套使用,形成有效环流,对禽舍进行加热,满足使用需求。

②欧式热风炉可控性更好,可根据舍内温度的变化情况,及时开关热风炉。

③不锈钢外壳,清洗更干净,维护更方便。

3. 锅炉

（1）特点及应用

锅炉暖风机加热系统主锅炉以燃煤、燃气、生物质等原料为燃料在炉内燃烧，通过禽舍内部布局的回水管道，使热水在管道内循环并通过排风扇吹出热风，均匀散发在禽舍内部进行加热，同时可根据用户的需求配置辅助热风带在禽舍中间或两侧位置辅助加热。该模式适用于笼养、平养禽舍的加热。

（2）水暖锅炉组成

水暖锅炉主要包含：锅炉主机、温控器、散热片、引风机、循环泵、镀锌无缝管道等。通过设定温度，可将禽舍内温度提升 1～40 ℃，达到设定温度后自动停止燃烧，有效控制成本。本系统是由主机、辅机（冷暖风机）、温度自控箱、水暖管道组成的自动调温系统。主机是风暖水暖结合的整机，以燃煤为主，配装轴流风机，同时提供风暖和水暖。水暖系统采用水包火多管结合的常压设计，运行安全可靠；风暖系统采用多根风管组合设计，热风量大，热利用率高，具有结构紧凑，美观，实用安全，节能清洁等特点，便于除尘与维修。图 4-2-9 所示为水暖锅炉。

图 4-2-9　水暖锅炉

（3）工程应用及计算

以东北地区笼养禽舍 96 m×15 m 为例：禽舍采用水暖锅炉加热，将加热主管道引入舍内，在舍内两侧布置散热器，每侧各 10 台，均匀交错布置。

舍内加热分为 3 个区，前区共 4 台散热器，中区共 12 台散热器，后区共 4 台散热器，分别由 3 个温度探头控制。将温度探头均布在禽舍内，分别控制舍内前、中、后 3 个区域的温度。

当舍内某区的实时温度降到加热温度时，该区域的散热器自动启动进行加热；当舍内温度升至目标温度时，该区域散热器自动停止加热。水暖锅炉工程应用如图 4-2-10 所示。

4. 翅片管暖风机

翅片管暖风机与其他加热器的安装方式不同，翅片加热管安装在进风窗下方，翅片加热管通过热水循环的方式进行加热，通过辐射和对流释放热量提升周围温度。使用过程中，当进风窗打开后，根据气流走向，温度较低的空气与翅片加热管加热后的热空气混合后，进入舍内提高舍内环境温度。该方式应用于部分笼养禽舍中，实际布局与应用如图 4-2-11

图 4-2-10 水暖锅炉工程应用

所示。

图 4-2-11 翅片管暖风机实际布局与应用

翅片管暖风机的优势如下。

①棱纹管道结构,保证热量的供应。

②由钢铝制成,耐用。

③有效分流,确保禽舍内热量的均匀。

5. 空气能源泵(空气能)

(1)空气能采暖原理

空气能源泵是一种利用高位能使热量从低位热源空气流向高位热源的节能装置,通过压缩机系统运转工作,吸收空气中的热量产生热水。具体如下:压缩机将冷媒压缩,压缩后温度升高的冷媒经过机组中的冷凝器将热量传给热水。冷媒从冷凝器换热后,经膨胀阀气化,会急剧降温,然后进入蒸发器吸收空气中的热量,热交换后的冷媒回到压缩机进行下一循环。空气能室外机组安装如图 4-2-12 所示。

(2)优势及特点

①随着环保意识的增强,燃煤锅炉将逐步被淘汰,空气能加热是一种较环保的加热方式。

②室内控制可分区设计,室内采用风机盘管或地暖管的方式控制,根据使用要求进行分区控制,安全性高、可维护性好。

③可满足不同地区的采暖需求。

④热泵机组安装在楼顶或者室外,无须建造锅炉房,节省土地资源;无须年检和支付运

图 4-2-12　空气能室外机组安装

行附加费;无须燃料运送和储存;无须复杂的维护、检修,投资回收期短。

⑤热泵机组无燃料泄漏、火灾、爆炸等安全隐患。

⑥热泵机组对环境无任何污染,属于高效节能环保产品。

⑦机组全自动智能控制,模块化设计,安装简单,使用方便。

(3)布局方式

禽舍内部布局分两种方式:地暖管和风机盘管。

地暖管布局在每层笼体粪带下端,距离粪带约 50 mm,采用多条回路循环通水加热,并在每层设计节流阀,以控制每条回路的出水量。

风机盘管布局在禽舍的两边过道,通过管道热水循环,暖风机吹出热风的方式,均匀地将热量散发在禽舍内部,起到加热的作用。

6. 辐射采暖燃烧器

辐射采暖燃烧器适用于平养模式禽舍加热,主要依靠供热部件向围护结构内表面和室内设施辐射热量来提高禽舍内的空气温度。该模式结构简单、紧凑,提高了可靠性,方便设备安装与使用;内部构造添加了智能火焰监测系统,确保了设备的燃烧可靠性;大大提高了热转换率,升温更快,热舒适度更好,噪声更小;外观设计美观大方,耐腐蚀性得到提高,延长了使用寿命。

辐射式加热炉的优点如下:

①根据机器型号,供热能力从 37 500～7 170 000 Btu/h(11～50 kW)可选。

②高低档可选,长度从 3～18 m 可选。

③天然气、石油液化气、丙烷气均可使用。

④红外加热升温快。

⑤温度梯度小,损失小。

⑥降低地面湿度,降低动物发病率。

⑦减少动物的聚集及脱水现象,提高生长速度。

⑧使用方便且维修简单。

7. 热回收系统

（1）工作方式

热回收是通过热交换的原理，将禽舍排向外界的废空气中含有的热能回收再利用，并重新输送到禽舍内，从而达到节约能源的目的。如果舍外新鲜空气吸收舍内高温废气的热量后温度未达到要求，热回收系统可对其二次加热，使进入舍内的新鲜空气的温度符合设定要求。热回收系统示意图如图 4-2-13 所示。

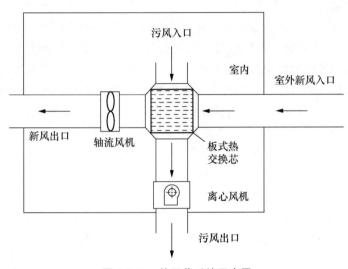

图 4-2-13　热回收系统示意图

（2）实际应用

热回收系统主要针对寒冷季节通风，在横向通风时利用热回收机组代替原有的进风窗及风机进行通风，排出禽舍废气的同时将舍外新鲜空气通过热交换装置预热后再输入舍内。此过程将废气中的热量回收再利用，可节省能源，给禽群提供足够的氧气，排出一氧化碳、二氧化碳、氨气等有害气体，同时避免禽群受到冷风应激，在保障通风的同时给禽群提供更加舒适的生长环境。

（3）优势及特点

热交换系统提供新鲜的、预热的空气到舍内，建立一个舒适健康的生长环境；热交换系统利用排出废气的热量加热从舍外进入的冷空气，节省了能源消耗；热交换系统配备有传感器，用来检测摄入空气、废气的温度和其他重要的参数。

热回收系统的特点如下：

①室外的新鲜空气进入设备内。

②铝制管道引导新鲜空气进入舍内。

③将废气带到换热器内。

④舍内出来的热空气在换热器内流通。

⑤垂直的挡风隔断重建混合气流。

⑥湿气和灰尘通过换热装置做了过滤。

⑦经过预热的新鲜空气进入禽舍内。

七、鸡舍的通风方式及使用

(一)鸡舍通风的模式

在过去的半开放式饲养模式下,鸡舍的通风多采用自然通风。这种通风方式主要依靠自然风的风压作用以及鸡舍内外温差的热压作用,形成舍内外空气的自然流动,使鸡舍内外的空气进行交换。这种通风模式很难有效地将鸡舍内的热量和有害气体排出,通风换气效果不够理想(李臣,2015)。

在密闭的鸡舍内,由于自然通风很难有效地将鸡舍内的热量和有害气体排出,于是人们逐渐考虑人为干预鸡舍的通风换气。机械通风由此产生,通过机械动力对舍内外空气进行强制交换,一般使用轴流风机使鸡舍内外的空气进行交换,将舍内的热量和有害气体全部排出,从而达到通风换气的目的。风机通风能减小温差,保证鸡群生长环境的良好和稳定。鸡舍环境控制最基本的要求就是鸡舍(包括屋顶和墙体)要密闭不漏风,从而保证鸡舍有足够的负压,这是负压通风最基本的条件(王晓君和靳传道,2018)。

负压通风主要分为三种:最小通风、过渡通风、纵向通风(王晓君和靳传道,2018)。全自动化养殖主要通过风机、进风窗、进风口和湿帘来实现以上三种通风方式。

在实际使用过程中,通风方式的选择一般根据外界气温的变化和家禽的饲养日龄确定;当冬季或春秋季节早晚气温较低时,一般采用横向通风即最小通风,此时横向风机启动,鸡舍内外形成负压,进风窗开启后外界新鲜空气进入鸡舍,达到通风换气的目的。

(二)最小通风

最小通风,又称横向通风。最小通风是为了满足鸡只的基本生理需求而提供的通风量,即鸡只维持生命和健康所必需的通风量。当鸡舍通风量低于最小通风量时,鸡群的健康就难以得到保证,严重时甚至会影响鸡群的生命。当鸡舍温度比鸡只所需要的理想目标温度低时,就需要采用最小通风方式,最小通风可以为鸡群提供良好的空气质量和控制通过鸡体的风速。在寒冷的季节和育雏阶段,由于横向通风时鸡舍内的风速较低,鸡只基本感觉不到有风吹过,既能保证鸡舍内的空气质量,又不会导致鸡舍内环境温度变化太大,因此横向通风是理想的最小通风模式。

1. 最小通风模式的条件

①使用条件。室外温度小于等于 14 ℃,鸡舍温度大于等于 16 ℃。

②打开方式。打开所有进风窗(进风窗导流板与墙壁夹角为 45°~60°)。

③风机数量。10:00—15:00 启动侧墙横向风机 2 台,其他时间启动侧墙横向风机 1 台。

④鸡舍风速。鸡舍内最大风速小于等于 0.15 m/s。

2. 横向通风(最小通风)的两种方式

在实际使用过程中,根据设备的不同,横向通风(最小通风)又分为两种。

(1)横向通风方式一

由 36 英寸风机与进风窗构成的通风方式。横向风机组和进风窗安装在禽舍侧墙上。该方式主要通过禽舍控制器来启动横向风机,废气由风机排出并产生负压,新鲜空气经进风窗进入禽舍内,达到与禽舍空气交换的目的,通过控制风机组参与的数量和通风时间来控制通风量(图 4-2-14)。

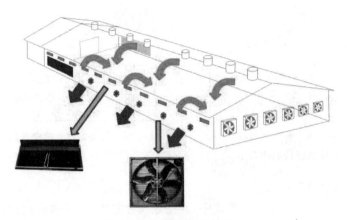

图 4-2-14　横向通风方式一

（2）横向通风方式二

由屋顶风机与进风窗构成的通风方式，屋顶风机安装在禽舍的屋顶上。该方式主要通过禽舍控制器来启动屋顶风机，废气由屋顶风机排出并产生负压，新鲜空气经进风窗进入禽舍内，达到与禽舍空气交换的目的，通过控制风机组参与的数量和通风时间来控制通风量（图 4-2-15）。

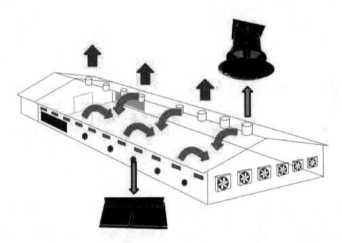

图 4-2-15　横向通风方式二

与横向风机安装在侧墙上相比，采用屋顶风机安装在屋顶上的横向通风模式的主要优势有：避免二次交叉感染，减少禽畜患病概率，通风均匀性更好，更适合寒冷地区使用。图 4-2-16、图 4-2-17 所示分别为垂直通风和横向通风。

最小通风的运行条件是当鸡舍温度低于目标温度时运行。在最小通风运行前首先要对鸡舍的密闭性进行检查：所有可能进风的渠道，门窗、湿帘、下水道口、风机间、进风窗等是否密封好。然后计算出最小通风量，通风循环周期为 3～5 min，具体的风机开关时间要结合鸡舍的空气质量、温度曲线波动等情况来调整。

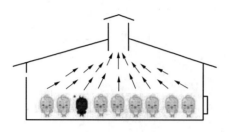

图 4-2-16 垂直通风

（二次交叉感染的概率最小）

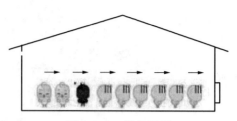

图 4-2-17 横向通风

（二次交叉感染的概率较大）

3. 最小通风的注意事项

①通风良好模式。在最小通风模式中,要注意鸡舍的负压、进风窗的挡风板角度及进风窗与屋顶的距离,保证舍外的新鲜空气能够进入鸡舍中间位置并形成环流,满足鸡舍的通风换气要求。通风良好状态如图 4-2-18 所示。

②通风不好模式。若鸡舍的负压达不到要求、进风窗挡板角度不当或者进风窗与屋顶的距离太近,就会导致舍外的新鲜空气不能进入鸡舍中间位置并形成环流,导致鸡舍的通风换气失败。通风不好状态如图 4-2-19 所示。

图 4-2-18 通风良好状态

（曹贺芳,2007）

图 4-2-19 通风不好状态

（曹贺芳,2007）

在图 4-2-19 中,图 1 表示负压正确时,进风窗门板打开角度过大,导致舍外空气进入鸡舍后马上下沉,直接吹向鸡只;图 2 表示负压正确时,进风窗门板打开角度过小,导致舍外空气进入鸡舍后运行一段距离后消散,无法到达鸡舍中间位置;图 3 表示进风窗门板打开角度正确时,鸡舍负压过大,导致舍外空气进入鸡舍中间位置后交叉干涉并快速沉降,新鲜空气无法向鸡舍两侧运行形成环流;图 4 表示进风窗门板打开角度正确时,鸡舍负压过小,导致舍外冷空气进入鸡舍运行一段距离后沉降,新鲜空气无法到达鸡舍两侧形成环流。

③横向通风属于传统的通风方式,具有进风量大,入风口新鲜空气流速大的优点,但同时也具有两进风口间的窗间墙附近易形成明显气流死角,空气射流速度衰减快,舍内气流场和温度场分布不均匀等诸多不足。在实际生产中,常适用于春冬季鸡舍换气使用。

④这里需要注意的是,使用最小通风时,风机设定时间只是作为参考依据,具体设定时间要根据环境温度、鸡舍气味、风机效率等确定。开启进风窗并调节好开启角度和数量,进风窗开口不宜低于 5 cm;如在进风窗开口为 5 cm 的情况下,鸡舍运转 1 台风机,气流仍不能达到鸡舍中间,可调整进风窗开启数量,使气流可以吹到中间,但不要吹过中间。一般宽度

小于 14 m 的鸡舍,使用 1 台风机即可;大于 14 m 的鸡舍则需使用两台风机;在开启设备时应打开负压报警功能,这样能随时掌握负压大小并调节负压窗的角度和数量。可在每栋鸡舍前 1/3、1/2 及 2/3 的进风窗处悬挂 15～20 cm 的磁带条,由进风窗位置到鸡舍中间每 1 m 悬挂 1 条,用于检测进风窗口的风向和气流到达位置。如果出现风吹不到中间的情况,可先检查进风窗开启大小是否合适,然后再调整进风窗开启数量。如果风吹过中间,说明负压太大,可以增加进风窗开启数量或增大进风窗开口尺寸。

随着外界温度的升高和家禽日龄的增长,横向通风无法满足鸡舍内的通风换气,此时需要进入过渡通风,即横向风机和纵向风机同时启动,打开进风窗或进风口,使新鲜空气进入鸡舍,进行通风换气。

(三)过渡通风

过渡通风,又称混合通风,就是当最小通风量不能满足鸡只需要,而温度又在慢慢升高时,为确保鸡舍每 5 min 换 1 次气(或至少满足 3 个纵向风机开启的排放量的要求),且不需要太高风速的情况下使用;即侧墙的排风扇全部开启后仍不能满足鸡群的需要时,就需要开启纵向通风的风机。混合通风时,侧墙两边的进风窗都要打开,如果一半数量的纵向风机开启后还不能达到鸡群对环境的需求,要关闭所有进风窗,过渡到夏季(纵向)通风,也只有夏季(纵向)通风系统开始运行时,进风窗才需要关闭。

过渡通风模式的条件如下:

①使用条件。春、秋季,当小鸡大于 21 日龄或舍外温度高于目标温度时。

②打开方式。湿帘停止加水,湿帘内侧进风口打开 1/4 面积进风,打开所有进风口(进风窗导流板与墙壁夹角为 45°～60°)。

③风机数量。启动一半数量的纵向大风机。

在过渡通风模式下,进风窗数量要通过科学计算,精准配置。其设计原理是:通过侧墙风门的进风要能满足过渡通风时的排风量要求,当然此时的进风窗数量肯定也能满足最小通风的要求。

当进风窗的风速达到标准时,此刻风门的开口大小是合适的,此时的鸡舍负压就是环境控制系统的目标压力,在这个负压下新鲜空气能扩散至鸡舍中部最高点,与鸡舍内的热空气充分混合后,扩散到整个鸡舍。如果屋顶结构不利于新鲜空气直达屋顶,应采用导风板等手段,使风门气流不受阻挡。

通过以上描述可以看出,在最小通风模式和过渡通风模式中,需要开启进风窗进行通风,特别是最小通风模式,全部依靠进风窗进行通风。因此,进风窗的控制精度就会直接影响鸡舍的通风,进而影响饲养效果,而进风窗的自动控制方式主要有两种:时间检测和电压检测,两种检测方式的原理如下。

1. 时间检测

(1)时间检测的原理

将进风窗从最小位运行到最大位,控制器会自动记录该过程中进风窗电机运行的时间,将该时间均匀分为 100 份,分别对应进风窗的 100 个档位。饲养过程中,当设置进风窗的目标开口度为 20% 时,进风窗电机运行的时间即为进风窗电机从最小位运行到最大位时运行时间的 20%,依次类推。

（2）时间检测存在的问题

进风窗电机采用时间检测时，由于所有的电机均存在一定的惯性，当进风窗电机运行到目标位置需要停止时，电机仍然会转动 0.1～0.3 s 才能停止，这时进风窗就会继续打开或者关闭 0.1～0.3 s，这样就导致进风窗电机比实际设置的目标位置多运行了 0.1～0.3 s，导致进风窗实际的停止位置与最初设置的目标位置存在一定的误差。实际饲养过程中由于进风窗每 5 min 完成 1 个开关循环，每次进风窗启停都会存在一定的误差，导致进风窗循环运行一定次数后进风窗的实际停止位置与设置的目标位置相差较大，这就导致进风窗在自动控制时，精度较差，影响饲养效果。

（3）时间检测的解决办法

针对进风窗采用时间检测时存在的以上问题，经过实验对比及使用情况，可采取以下解决办法。

①控制器中增加补偿系数。首先对进风窗电机进行测试，测出电机的惯性时间，在控制器中增加一个补偿系数，进风窗电机每次运行时，在目标位置前的惯性时间处停止，由于电机存在惯性，当电机完全停止运行后，进风窗刚好处于设置的目标位置，这样就可以消除电机惯性给进风窗开口度带来的误差。

②控制器自检。由于进风窗电机存在惯性，进风窗循环运行一定次数后进风窗的实际停止位置与设置的目标位置相差较大，此时要使进风窗的打开精度满足饲养需求，进风窗循环运行一定次数后控制器需要进行自检，使进风窗恢复最初的设置位置。自检时需要关闭所有的风机及进风窗，恢复最初的参数设置。

2. 电压检测

（1）电压检测的原理

将进风窗从最小位运行到最大位，控制器会自动记录该过程中进风窗电机上电位器的电压差，将该电压差均匀分为 100 份，分别对应进风窗的 100 个档位。饲养过程中，当设置进风窗的目标开口度为 20% 时，电机运行到电位器电压差值的 20% 时停止，即为目标位置，依次类推。

（2）电压检测存在的问题

进风窗电机采用电压检测时，进风窗从最小位运行到最大位时，电位器的电压差为 1.5～2 V，均分为 100 档时，每档对应的电位器电压差值为 0.015～0.02 V。由于电位器电压差太小，而进风窗电机又存在惯性，导致进风窗到达目标位置时，电位器频繁寻找对应的电压值位置，进风窗电机也频繁启动，每次必须频繁寻找几次才能稳定停止，这也导致鸡舍内温度不能及时稳定，不利于饲养。

（3）电压检测的解决方法

进风窗采用电压检测时出现的问题主要是由于电位器的压差范围太小，进风窗每个档位对应的电位器的压差值太小，导致电位器太灵敏，造成进风窗电机需要频繁寻找对应的目标位置。在实验以及实际使用中发现，增大电位器的压差后，由于进风窗每个档位对应的电位器的压差值变大，进风窗电机到达目标位置时，即使进风窗电机存在惯性向前继续运行一段距离，此时电位器的电压值仍然在对应的进风窗档位范围内，进风窗电机就会停止运行，进风窗就能准确地停在设置的目标位置处，从而实现进风窗的自动精准控制，满足饲养需求。

进入夏季后,随着温度的进一步升高,此时需要进行纵向通风,即纵向风机启动,关闭进风窗,启动进风口和湿帘泵。室内空气被风机抽出室外,室内与室外之间产生一个负压,在负压作用下室外热空气被吸入布满冷却水的湿帘纸,湿帘纸上的水膜吸收空气中的热量蒸发成水蒸气从而使冷却水由液态转化成气态的水分子,使通过湿帘纸的室外空气温度迅速下降,温度下降的室外空气与室内的热空气混合,从而达到降低室内温度、增加室内湿度、通风换气的效果。

(四)纵向通风

纵向通风又称夏季通风,就是当鸡舍温度不能降低到目标温度时,利用风冷效应的原理,使鸡只感受到的温度达到或接近理想温度的一种通风形式。风冷效应的定义:当一定的风速吹过鸡体时,鸡只感受到的温度(又称体感温度)低于实际显示的温度,这种现象叫作风冷效应。

纵向通风模式的通风风机全部集中于鸡舍一端山墙上或靠近一端山墙的两侧墙上,因此,纵向通风方式可以使进入鸡舍的新鲜空气沿着一个方向平稳流动,且空气运动流线均为直线,既能消除横向通风气流射流造成的通风死角,又能较好地保持舍内温度平稳均匀。与横向通风和过渡通风模式相比,纵向通风模式具有更高的通风效率、气流速度,更低的噪声,并且纵向通风模式更便于鸡舍的集中消毒,减少了相邻鸡舍之间的交叉污染。所以,在近20年的鸡舍设计中,纵向通风模式得到了广泛应用。

1. 纵向通风需要考虑的条件

①鸡舍纵向风速:2~2.5 m/s。

②换气时间:最少1 min全部换气1次。

③控制相对湿度:45%~65%。

④所有进风窗关闭,湿帘进风口开启。

⑤温度控制:要看体感温度而不是干球温度。

⑥只有符合下列条件时才能开湿帘水泵:当全部纵向风机都开启时,鸡舍温度大于等于27.8 ℃,且湿度小于等于70%。

湿帘水泵关闭的时间比开启的时间更重要,待湿帘纸全部干燥后再启动水泵给水,要让湿帘一直处于渐干渐湿的循环中,以达到水蒸气从湿帘纸表面蒸发的最佳效果。

2. 纵向通风的设计要求

鸡舍夏秋季节通风以换气和降温为主,采用纵向通风方式,设计时要求鸡舍平均风速为1.0~2.5 m/s,换气次数为0.75~1.3 min/次。春冬季节鸡舍环境的控制重点是保温,同时仍需要适当通风,排除舍内污浊空气。该阶段通风以换气为主,主要采用横向通风方式,设计时要求鸡舍平均风速为0.1~0.2 m/s,换气次数为0.35~1 min/次,舍温要保持在13 ℃以上,昼夜温差在3~5 ℃。此时通风设计应注意使用定时控制模式,通常换气周期设定为5 min,即可较好地保证舍内空气质量及温度的一致性(李侃等,2015)。

(1)进风口的布置

鸡舍的通风换气应该将纵向通风和横向通风相结合,这样既可以发挥纵向通风风速大、夏秋季降温换气效果好的作用,又可以发挥横向通风风速小、换气量大的特点,有效满足春冬季鸡舍保温和换气兼顾的要求。鸡舍进风口的布置应当由养鸡场的总体规划来定,结合总体防疫要求,尽量避免产生交叉污染,确保舍内能够及时补充新鲜空气,并排出污浊气体。

一般情况下,进风口应布置在上方,出气口则布置在下方,以便换气时使空气能够在进气口和出气口之间形成"S"状流动。对于纵向通风设计,进风口的最佳位置应该在鸡舍前端山墙上,这样当空气通过进风口进入鸡舍后直接沿鸡舍的纵向流动。但是,在实际中有些鸡舍由于山墙上布置了操作间,进风口只能安装在侧墙上,此时进风口应尽量靠近山墙处布置。在纵向通风模式中,需注意进风口箱板的打开角度及进风口箱板与屋顶的距离。在平养中,进风口箱板两端不能安装挡风装置,且进风口箱板的打开角度应大于等于70°,以满足通风需求。在笼养时,山墙应多布置进风口,且进风口箱板两端需增加挡风装置,箱板的打开角度应避免气流直接吹向鸡只。理想的情况下,进风口的角度应与屋顶平行,保证外界空气进入鸡舍后不会直接吹落到鸡只身上而造成冷应激现象。横向通风的进风口和风扇应均匀布置于鸡舍的侧墙上,针对笼养鸡舍,进风口的安装位置应不低于顶笼上沿。进风口应安装可控进风窗,确保进风窗风速在 $3\sim4$ m/s 时,舍外新鲜空气通过进风口进入,沿屋顶流入鸡舍顶部中央位置逐步预热,缓慢下降为鸡只带入新鲜空气,并在另一端侧墙排出污浊空气。

(2)鸡舍的密闭状况对纵向通风的影响

鸡舍的密闭状况对纵向通风设备进入舍内空气控制的效果影响很大。鸡舍的密闭性越好,对鸡舍整体环控精度越高,舍外的空气能够从湿帘或纵向进风口进入鸡舍,形成良好的环流;鸡舍的密闭性不好、漏风时,舍外进入鸡舍内的空气无法有效控制,不能形成良好的环流,导致鸡舍内的两端温差加大、舍内风速差异大(越靠近风机端风速越快),使降温效果大打折扣。

3. 纵向通风的设计

鸡舍纵向通风时,负压越大,风速越快,对风机的性能要求越高。因此,在设计时应确保各方面需求平衡,以保证舍内风速合理,确保 1 min 内能把禽舍的空气更换 1 遍。

(五)通风效果的监测

进风窗、进风口和风机等通风设备的布局是否合理,需要饲养过程中对通风效果进行实时监测,并对通风设备进行及时调节控制。通风效果的检测方法如下(陈合强,2017)。

(1)对通风设备进行监测

通常情况下,监测鸡舍和设备状态的有效方法是检查风机开启时鸡舍产生的负压。对新鸡舍或湿帘、风机、进风口进行维护后,当纵向风机全部开启后需检查风机处的负压,如随时间推移而负压下降,可能是风机部件磨损或鸡舍密闭性能下降;如随时间推移而风机负压增加,原因则可能是湿帘出现堵塞等。日常管理中如检测风机转速、清理进风口、清理湿帘系统等工作不到位,将使通风效果显著降低,从而导致鸡群生产性能下降。

(2)对通风效果进行监测

观察鸡舍气流运动的最好方法就是进行烟雾试验,通过烟雾试验可以测试进风口和横梁是否阻挡气流,并能够直观地观察鸡舍内气流的走向等;理想的情况下,进风口的角度应与屋顶平行,保证外界空气进入鸡舍后不会直接吹落到鸡只身上而造成冷应激现象。

(3)对鸡群行为进行监测

采用纵向通风控制鸡群的体感温度,只能通过观察鸡群的行为进行调节。饲养管理中应注重观察和监测鸡群的活动和行为,一旦发现鸡群出现过冷或过热表现,应及时调整通风状况。通常在使用纵向通风时,用仪器无法有效测定体感温度,因此,只能通过观察鸡群的行为进行判断。当采用纵向通风进行降温时,鸡群会向舍内温度较低的进风门方向移动,从而造成鸡群拥挤。开启风机的数量以鸡群的舒适度为依据。因此,在实际生产中,需要根据鸡龄来制定风机的设定程序;鸡龄越大,通风级别应越大。风速和湿度不同,鸡群的体感温度也不一样。一般夏季纵向通风风速不超过 2.5 m/s,研究证明当风速超过 3 m/s 时,即使再增加风速,风冷效应也不会明显增强。

(4)日常监测的方法

生产实践中可以通过管理人员的感官和数据对鸡舍的通风效果进行评判。首先,人员进入鸡舍内应呼吸顺畅、不气闷、氨气味很小或无不适感。其次,通过数据评判。可以使用风速仪对鸡舍的风速进行测定,并与理论值进行对比,查看是否符合理论值的要求;用温度计测定鸡舍内同一时间前后端的温差,保证温差小于等于 2 ℃;并用仪器对鸡舍的相对湿度、二氧化碳、一氧化碳和氨气浓度等指标进行监测。根据监测的数据对鸡舍的通风结果进行量化评估,发现异常情况应及时进行调整。

八、光照设备

(一)光照对家禽的影响因素

光照是家禽生长发育过程中重要的环境条件之一。实践证明,光照的时间与强度、光线的颜色与波长、光照刺激的起始时间和黑暗期的间断等都会在家禽生长发育、繁殖等方面产生一定影响,从而使家禽体成熟、日增重、性成熟、开产时间、产蛋率、精液的产生与交配活动等受影响。而光照对家禽的作用机制尚未十分清楚,一般认为光线通过视网膜的感受器,刺激下丘脑,使下丘脑分泌促性腺激素,此刺激通过脑垂体门脉系统传至垂体前叶和后叶引起促卵素(FSH)和排卵激素的分泌,促使卵泡的发育和排卵,同时促进家禽的生长发育。

1. 光照对家禽生产性能的影响

(1)光色对家禽生产性能的影响

研究表明,家禽在 415~560 nm(介于紫光和绿光之间)光照下比在 635 nm(红光)以上波长光或白光照射下生长快,而在红光下的生长速度和在白光下差不多,这说明是长波长的光抑制了生长而不是短波长的光促进了生长。用不同单色光照射鸡舍,其饲料消耗没有明显差别,这说明色光对采食没有直接影响。虽然色光对采食没有直接影响,但色光被鸡选择时鸡偏爱绿光。对小于 16 周龄鸡的生长和饲料转化率,蓝光和绿光比红光好。Rozenboim 等(1999)发现绿光能促进 1~20 d 的雏鸡的生长发育,20 d 后更换其他光色,能进一步促进其生长。Karakaya 等(2009)研究表明,不同单色光照饲养可以改善肉鸡肌体和肌肉的生长性能及其肉的品质特征。

(2)光照时间对家禽生产性能的影响

Lewis 等(2009)研究表明,不同光照方案能左右禽类的采食量,在最初的 21 日龄内光照时间每增加 1 h,肉鸡采食量增加约 15 g。徐银学等(2001)的研究结果显示:对生长快、脂肪积累能力强的品种,短光照有利于鸭子休息而促进其生长;对生长速度慢且神经类型敏感的品种,长时间的黑暗则可抑制鸭体的增重。间歇式光照可明显提高肉鸡的饲料转化率和生长速度,刘卫东和魏秀娟(1997)报告间歇光照可缩短光照时间,不仅可减少采食量,同时还可减少活动量和提高饲料转化率。赵智华等(2004)发现,49 日龄樱桃谷鸭的间歇光照组比持续光照组每羽平均增重 1 g/d。刘安芳和赵智华(2001)报告间歇光照可显著降低腹脂,这可能是由于间歇光照推迟了腹脂沉积的时间。研究表明,持续光照可促进鹅的生长和消化器官的发育,提高饲料利用率,且对母鹅的作用较明显。

(3)光照强度和制度对家禽生产性能的影响

孟冬梅(2009)采用红色光和蓝色光先减后增的光照制度,虽然降低了肉仔鸡的早期生长速度,但可通过补偿性生长最终使出栏肉鸡的体重和饲料利用率等指标均优于采用传统光照制度(自然光+白炽灯补光)的肉鸡。Kristensen 等(2006)研究发现,不同光源和光照强度(5 lx 和 100 lx)对肉鸡的采食量没有影响,低光照水平对肉鸡的采食量、生长速度、饲料转化率、成活率和腿部健康产生的影响不大,但可提高 51 日龄肉鸡的生产性能。这与 Blatchford 等(2009)报道的在 200 lx 以内增加光照强度,肉鸡白昼的行为能力增强了,腿病和眼病虽然部分增多,但并不影响其采食量和日增重的结论基本一致。Boshouwers 和 Nicaise(1992)研究表明,与高频率荧光灯(26 000 Hz)相比,肉鸡在低频率(100 Hz)下活动减少,但能量消耗并没有受到影响。

2. 光照对家禽免疫功能的影响

光照强度和持续时间对家禽的免疫功能影响较大。根据试验,每天 12 h 光照,雏鸡在第 2 次免疫后抗体升高,而 24 h 光照则对免疫反应有抑制作用,抗体产生少。光的颜色不同对家禽的免疫反应有不同影响,研究表明光照时间过长的鸡白细胞减少,尤其以绿光减少最多,灰白色光减少最少,红光和蓝光居中。给予一定黑暗限制的光照措施能够通过促进褪黑素的分泌,从而发挥家禽机体抗氧化、抗应激及增强免疫力的功能而增强抗病力。Kirby 和 Froman(1991)发现持续光照组和 12 h(亮)、12 h(暗)光照组相比,红细胞抗体和迟发性变态反应显著降低了,体液和细胞免疫相对增强了。但随着光照时间的延长,机体内源性褪黑素的分泌水平受到抑制,使体内外周血中 CD3、CD4、CD8 淋巴细胞及其亚群和 B 淋巴细胞数量的百分比有不同程度的降低,体内外周血中单核细胞的吞噬能力有不同程度的下降。段龙等(2010)研究发现,间歇光照的鸡脾脏和法氏囊器官指数高,表明间歇光照对肉仔鸡的中枢和外周免疫器官的发育有促进作用。Archer 等(2009)研究结果表明,孵化期的光照时间对肉雏鸡的生产和健康无显著影响,所以尽量减少与生产和健康有关的应激因子的影响对雏鸡是有益的。但肉鸡出壳后前 3 周给予短时间的光照,随后 1 周给予长时间的光照,会对肉鸡的成活率和腿部健康产生有利的作用。

利用红外线照射雏鸭可助其防寒,提高成活率,促进生长发育;红外线还有消炎、镇痛和促进伤口愈合等作用,增强机体的杀菌力和免疫力;明暗光照可预防肉鸡的多种腿疾并可减低腹水症和"心衰"的发生率;紫外线有利于维生素 D 合成,可促进骨骼发育等。

总之,光照对家禽生长性能、繁殖性能及免疫功能等方面有重要影响。经过多年的研究试验,很多学者不断提出一些新的光照制度,推出了一些新的研究成果,使家禽的遗传潜力最大限度地发挥出来,从而有效地提高了养禽的经济效益。

(二)光照设备简介及原理

光环境控制是鸡养殖舍环境控制的重要组成部分,早期人们认为只要模拟太阳光,合理控制光源开、关时间,即可满足家禽的生长发育需求。已有研究发现,光照时长可增加免疫器官的重量,提高外周血中淋巴细胞的百分比,促进抗体形成及 T、B 淋巴细胞增殖反应,维持昼夜节律、改善睡眠、镇静镇痛、抗应激、抗衰老、抗氧化、抗肿瘤及增强机体的免疫力。对于光照时长的控制,养禽企业都有一套明确的规则,但基本都以养殖品种推荐的光照控制时长为参考,并做相应细微调整。

随着现代养殖向控制精细化发展及电子技术发展的进步,光环境控制不再是简单的光源开、关时间控制,而是面向不同养殖品种,采用不同光源产品,进行光强调整间歇控制。采用人工手段,加大光照强度,会使禽群神经系统一直处于高度紧张状态,心理上表现出烦躁不安,容易引起争斗,形成啄羽,甚至猝死。所以,养殖过程需对光强进行有效控制。

光源波长的影响。已有研究表明,不同光色(对应不同光波长)导致鸡的行为表现产生差异,主要因为鸡的眼睛对光色的吸收强度和对不同光波的反应不同。黄色和青色光照容易引起鸡只的烦躁,而红光和蓝光下鸡只表现安静。现在普遍认为,性腺对光的反应依赖光的波长,而且可见光的长波部分(红光附近)有利于刺激性腺的发育,这可能是由于长波的光具有更强的穿透力。

频闪的影响。照在视网膜上的光所产生的脉冲通过视神经传入脑中,视神经在视交叉处汇集,通过各种信息通道传导,最后进入下丘脑,并与其他有关繁殖的信息一起进行整合。发光体的频率特性影响鸡群稳定,业界认为发光体的频率在 160 Hz 以上,鸡群普遍感到安全;发光体的频率在 160 Hz 以下,鸡群感到不安。这对光源的电源指标提出了较高要求。

目前,农业养殖灯主要有节能灯及 LED 灯,可调光的冷阴极节能灯售价较高,质量不太稳定,因此市场推广不好。而 LED 灯性能稳定,功耗低、寿命长,专注于养殖用的 LED 灯这几年发展相当迅猛。LED 产品分为可调光产品和不可调光产品,其中可调光产品有以下 3 种方式(任国栋等,2018)。

①可控硅调光方式。此方式是目前应用最广泛的一种调光方式,它的工作原理是将输入电压的波形通过导通角切波之后,产生一个切向的输出电压波形,应用切向的原理,可减少输出电压的有效值,以此来降低普通负载(电阻负载)的功率。可控硅调光的优点在于工作效率较高,性能稳定。

②LED(1~10 V)调光电源。电源设计带有控制芯片,接 0~10 V 调光器时,通过 0~10 V 电压变化,改变电源输出电流,实现调光。例如:当 0~10 V 调光器调至 0 V 时,电流降到 0 A,其灯光亮度也就是关闭状态(相当于开关作用);当 0~10 V 调光器调至 10 V 时,输出电流也将达到电源输出的 100% 亮度(输出电压是不变的)。

③脉冲宽度调制(pulse width modulation,PWM)数字调光电源。通过 PWM 波开启和关闭 LED 来改变正向电流的导通时间,以达到亮度调节的效果。该方法基于眼球对亮度闪烁不够敏感的特性,使负载 LED 时亮时暗。以人眼为例,如果亮暗的频率超过 100 Hz,看到的就是平均亮度,而不是 LED 在闪烁。PWM 通过调节亮和暗的时间比例实现调节亮度,在一个 PWM 周期内,因为人眼对大于 100 Hz 的光闪烁感知的亮度是一个累积过程,即亮的时间在整个周期中所占的比例越大,人眼感觉越亮。但是对于一些高频采样的设备,如高频采样摄像头,采样时有可能恰好采到 LED 暗时的图像。鸡对光照强度的敏感原理与人眼是类似的,因此 PWM 的调光原理也适用于鸡舍照明。

(三)密闭养殖场光照设计

1. 光照设计的目的

光照设计的目的是规范制造商对特定鸡舍光照产品的设计,使光照产品电气可靠,光照性能满足光照阶段的要求,同时经济合理、维护方便。

2. 光照设计的原则

光照设计的原则包含光源(包括灯具)设计原则、满足光源照明动力的控制设备设计原则、安装设计原则。在设计过程中,需符合基本的行业设计标准要求,如《照明测量方法》(GB/T 5700—2023)、《灯具　第1部分:一般要求与试验》(GB/T 7000.1—2023)、《照明光源颜色的测量方法》(GB/T 7922—2023)。此外,由于鸡舍养殖环境特殊,照明设计还需满足如下应用特征的要求。

①照明产品具备可靠性、可生产性、可测试性、可维护性。

②照明控制装置标识清楚,能够反映该型控制装置的基本功能,且标识持久不掉。

③光源产品防护等级达到IP65,或更高等级。

④交付文件应能清楚反映该型控制柜功能、电气关系,能够指导维修。

3. 照明产品的使用条件

为发挥鸡舍照明产品最大使用效能,对照明产品的使用条件必须有所约定,在不能满足使用条件的情况下,需要制造商和用户签订特殊条件下照明产品设计协议,并按照要求实施。以下是照明产品使用条件要求。

①控制柜应满足周围空气温度不高于40 ℃,且在24 h内平均温度不高过35 ℃,周围空气温度下限5 ℃的使用条件。

②污染等级。照明产品防水,因此污染主要考虑尘埃对光照产品表面遮挡,造成光照强度降低的影响。导电的或吸湿的尘埃,游离气体或盐类及吸湿或凝露导致表面污染,都会造成光照强度降低,因此须对环境条件作出分级。要考虑使用条件只有非导电性污染的情况,也要考虑由于凝露偶然造成的暂时导电性。

③海拔。安装场地的海拔不超过2 000 m,对于在海拔高于1 000 m处使用的电子设备,有必要考虑介电强度的降低和空气冷却效果的减弱。在这些条件下使用的设备,建议按照制造商与用户之间的协议进行设计和使用。

④特殊使用条件。温度、相对湿度或海拔与上述条件不符,或在使用中出现温度或气压急剧变化,以致控制箱内易出现异常凝露;空气被尘埃、烟雾、腐蚀性微粒、蒸汽、盐雾等严重污染;暴露在强电场、强磁场中;暴露在高温、太阳直射或火炉烘烤的地方。特殊使用条件,不限于上述内容,在这种条件下,必须遵守适用的特殊要求或制造商与用户之间签订的专门协议。

⑤供电要求。光源控制装置供电电压符合《标准电压》(GB/T 156—2017)要求,三相四线或三相三线系统的标称电压为220 V/380 V。电压允许偏差符合《电能质量　供电电压偏差》(GB/T 12325—2008)要求,220 V单相供电电压偏差为标称电压的+7%、−10%。

第三节　饲喂设备

饲喂设备作为养殖设备的基础设备,虽然根据不同养殖模式、具体不同设备有不同的变化,但始终占据着很重要的位置。

一、喂料设备

喂料设备从最初散养时的人工撒料,过渡到料桶喂料,再到标准平养鸡舍的料盘自动喂料,最后到立体养殖的各种喂料方式。喂料设备从手动到自动,最后延伸到智能喂料,一直在发展。喂料设备主要包含料塔设备、供料系统、喂料系统。

(一)料塔设备

1. 料塔说明(以依爱料塔为例)

依爱(EI)系列料塔中间筒体所采用的是宝钢 1.2 mm 热镀锌钢板,使用寿命在 20~25年。依爱料塔现场图如图 4-3-1 所示。全套特制的加工设备,保证了料塔零配件的可靠性、稳定性。中间筒体为 13 mm 厚的波纹钢板,保证了安装过程精确一致地吻合,筒体波纹板上下端经特殊考虑,保证了多层料塔在拼接时的密封性。各连接处选用汽车级车窗丁基防水密封条,并根据实际使用情况进行改进,真正达到了密封、无毒、抗老化的目的,密封效果可持续 20 年以上。

图 4-3-1　依爱料塔现场图

2. 料塔称重说明

随着用户对饲料成本、采食量统计以及料肉比核算的需求,须配备料塔称重系统(靳传道,2014b)。称重系统由称重传感器和称重变送器组成,安装在料塔上,可以连接在控制器里实时查看饲料情况。料塔称重示意图如图 4-3-2 所示。下面以青岛兴仪电子设备有限责任公司的称重系统为例做简要介绍。

EI-BQ/L 型变送器是结合国内外鸡饲养的生产实践,研制开发出的一种鸡饲养中对料塔称重和脉冲供料的自动控制设备,可以很直观地了解供料量和料塔内的余料。它是由于养禽业向集约化、大型化发展而产生的,具有智能、记忆、远程控制、节省劳动力四大显著特点。

EI-BQ/L型变送器采用最新智能控制技术将料塔、供料等饲养工艺参数关联起来统一控制,并可与EI-ZNR型环境控制器进行通信,让主控制器来实现对料塔、供料的控制。该变送器采用6位数码管显示和人性化的操作界面,更加直观明了,操作简单,同时具有记忆、查询和密码保护等多种十分实用的功能。除自动控制系统以外还设有手动控制系统,以确保饲养过程的安全。该变送器操作简便、性能优异、便于生产管理,同时节省劳动力,大、中、小型饲养场均适合使用。

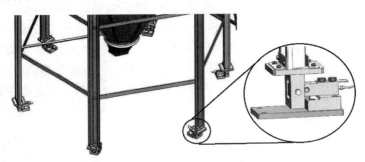

图 4-3-2　料塔称重示意图

3. 料塔地基要求

料塔安装前要做好地基的基建工作,单个料塔地基示意图如图4-3-3所示。地基固化至少28 d后才能安装料塔。要求地基表面平整,不存水;安装料塔腿的四个位置高度差必须小于等于2.5 mm。

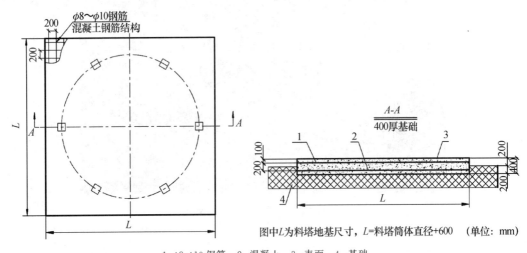

图中L为料塔地基尺寸,L=料塔筒体直径+600　(单位: mm)

1. φ8-φ10钢筋　2. 混凝土　3. 表面　4. 基础

图 4-3-3　单个料塔地基示意图

4. 料塔的维护

除特殊情况外,料塔不需要维护与保养,但以下几点供用户参考。

①出鸡时,要清空料塔底部内的所有饲料,防止时间过长,饲料结块发霉,影响后续正常使用。

②对料塔进行冲洗时,一定要清洗干净,内部不要遗留任何杂质。

③料塔经长时间使用后,观察窗内表面是否附着粉料,避免影响正常的料位查看。建议用户不要用外围设备对观察窗进行敲击,以免造成观察窗损坏;建议用加料的方式将观察窗表面的粉尘冲掉。

(二)供料系统

供料系统包含供料箱、PVC管道、绞龙及供料电机,如图4-3-4所示。不同供料速度的供料系统配备有不同管径的料管和绞龙,行业内经常使用的$\phi 90$管和$\phi 125$供料绞龙,其供料能力分别约为2.2 t/h和4 t/h。

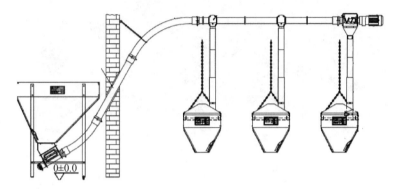

图4-3-4 供料系统示意图

1. 供料电机及PVC管道维护

供料中落料软管倾斜角度不大于$30°$,不要对落料软管进行缠绕。安装完毕的供料系统,不要随意挪动位置,所有的悬挂、固定点须牢固。

如需更换供料管,请按照下述要求操作。

①首先从电机组件端开始安装料管。将一根直管的端部60 mm范围内的外表面和束结的内表面的污垢等杂物除去,然后在料管的端部均匀涂上PVC给水胶,并迅速将涂胶端插入束结内。

②在束结的另一端(带缺口端)套上卡箍,并将束结套在电机组件的连接管上。紧固卡箍,使束结紧固,卡箍不要太紧,以防压坏束结或供料管。

③安装带扩口的料管时,先在扩口套一个卡箍,再把另一根料管插入扩口,紧固卡箍,使扩口和料管紧固。

④每批鸡出栏后,须将料塔和供料管中的饲料清空。同时要对鸡舍内、外的PVC管进行检查,舍内PVC管悬挂点要水平一致,若有高低不平则要及时调整。检查料满检测开关的灵敏度。

2. 供料绞龙、轴承的维护

一般安装好的供料绞龙在正常使用后,无特殊情况的,不需要对绞龙进行截取,以下维护操作供用户参考:鸡只出栏后,空转供料系统,仔细听取绞龙运行的声音,若运行平稳则不需要预紧绞龙,若出现顿挫声音则需把供料轴承卡箍松开;手动拉开绞龙,查看松紧状态,若过松则适当截短绞龙。具体操作步骤可参照喂料系统绞龙截断操作要求,这里不另作说明。

每两批鸡出栏后,拆卸出供料轴承,放入煤油中浸泡12 h以清理杂物,然后再安装,可延长轴承的使用寿命。

(三)喂料系统

目前主流的饲喂方式有绞龙式料盘喂料和行车式料槽喂料。绞龙式料盘喂料一般用于平养,也用于全自动笼养。行车式料槽喂料一般应用于立体养殖。

正常情况下如果禽舍长度小于120 m,应在禽舍的料线一端放小料斗,另一端放驱动机构及末端料盘。若禽舍的宽度为12 m,则安装3条料线(图4-3-5);若宽度为16 m,则安装4条料线。

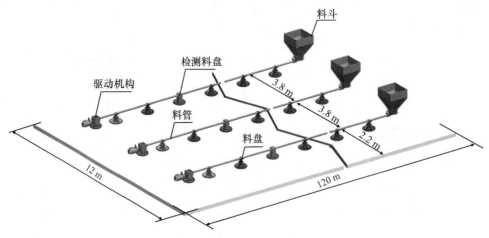

图4-3-5　料线布局图(3条料线)

1. 喂料线使用方法

(1)喂料线的使用方法

在开始育雏期间一般只使用禽舍的一部分来进行育雏工作,若育雏区域在禽舍的中间,则将料斗端的非育雏区域的料盘用挡板挡住,以防饲料落下浪费;并将检测料盘移至育雏区域末端附近,与最后一个育雏料盘相距3 m以上。将检测料盘上的防水插头与最近的一个防水插座相连。

开始育雏时,家禽较小,将料盘放在地上喂食。放低喂料线使料盘落到地板上,料盘的落料窗口完全打开。此时,饲料会射入料盘,这样家禽更容易找到饲料、适应喂料系统,并开始啄食。确保所有的料窗在同一位置,或开或关。虽然大部分喂料线重量由地板承担,但不要去除悬挂系统上所有的重量以免吊绳松弛。

启动供料系统,开始向各小料斗送料;若没有供料系统,则手工向料斗中倒料。当各料斗储料量达到料斗容积1/3时,手动关闭供料系统。然后给喂料线通电,手动操作供料系统。在每次给小料斗加料之间允许送料斗空30 s,以减轻喂料电动机的负担。继续这个程序直到饲料进入所有的料盘中。当落料窗口打开时不要将系统打到自动模式(全速)上,应手动喂料。当喂料线开始充满饲料时,即可完全转入自动运行状态。

育雏阶段结束后,需要提高喂料线时,用所配的驱动钩顺时针旋转绞盘(逆时针旋转喂料线下降),直至料盘到合适的高度。盘边高度大约在家禽脖子与胸部连接处,如图4-3-6所示。合适的料盘高度可减少饲料浪费,改善饲料转化,为生产者带来更多收入。

提高喂料线时,料盘会自动关闭落料窗口。

合适的"料盘高度"+"合适的料盘设置"+"正确的供料时间间隔",能使喂料系统发挥出最好性能。

建议对于雏鸡在最初的 5～10 d 应打开落料窗口。

在家禽长成出栏的前 1 d,用手轻轻按下料斗中的缺料检测开关,排空料管中的饲料,让家禽吃光料盘中所有的饲料。这样可以进一步减少浪费。

当禽舍内没有家禽或冲洗禽舍进行消毒前,从喂料系统中移走所有剩余的饲料。断开系统电源,防止意外启动系统。对防水插头、检测料盘、料斗检测开关、电机等电气设备做好防水措施。

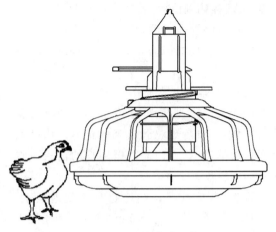

图 4-3-6　料盘高度调整

(2)注意事项

①家禽会避开暗黑区域,不要将移动检测料盘放在这样的区域中,也不要将移动检测料盘放在禽舍的最端头,移动检测料盘与墙壁至少间隔 3 m。这些问题应在安装中尽量避免或用人工照明可以解决部分问题。

②育雏头 5 d 须将料盘放在地上手动操作系统。

③在启动喂料线之前可以首先启动供料系统往小料斗中装料。若无供料系统则应人工向小料斗中装料,只有小料斗中的饲料量超过最低料量(小料斗中的缺料开关压合)时,喂料系统才能启动。

④喂料系统启动时,可能需要人员沿喂料线走动,驱赶冲向料盘的大群家禽,防止家禽因抢食而拥挤。或可以提升喂料线远离家禽,接着装料,然后再小心地放下喂料线。

⑤家禽出舍时,要清除掉料管、料斗和料盘中剩下的饲料。如果可能,家禽出舍前可以让它们啄尽剩余的饲料。

⑥当把喂料系统提升到将要离开地面的时候,可能会有个别地方的地面低一些,喂料盘显得太高,用垫料将低处垫平。

⑦当禽舍内没有家禽或冲洗禽舍进行消毒前,一定要从喂料系统中移走所有的饲料。

⑧将家禽移出禽舍前要清空料管中的饲料,送入料盘,这样可以尽可能地让家禽吃完盘中的饲料。

⑨如果长时间不用喂料系统,从料斗、料管和料盘中取走饲料。断开系统电源,防止意外启动系统。

2. 喂料盘的组装和基本操作

(1)喂料盘的组装

组装喂料盘时,先将调整套旋入外壳,再将挂架从内向外穿过调整套,然后正确连接底盘上的挂钩与外壳上的挂柱,最后将外壳与底盘完全扣合。喂料盘示意图如图 4-3-7 所示。

与料管装配时,料管上每一方孔下方装一个料盘。装配时,圆形料盘将挂架上的插板向电机方向插入;肉鸡料盘将挂架上的插板向料斗方向插入。

将料管上的两突起与挂架上的两长圆孔对正,再将挂帽沿料管方向推入挂架。在推入的过程中,用手将挂帽上的两个舌簧手柄轻轻压下;当舌簧进入挂架后,松开舌簧手柄,继续慢慢推入;挂帽到位后,舌簧自动弹起。

料盘与料管固定后,将需要用插板的料盘装入插板。插板根据需要分为三档,以调整落料的速度。

(2)喂料盘的基本操作

EI-WL2/14 型喂料盘可提供 14 个采食位,适用于一日龄雏鸡到成鸡的饲养。该喂料盘操作简单,维护方便。根据用户的需求可选用不同的料盘。

育雏时,放低喂料线使料盘落到地板上,直至挂架与底盘接触。旋转调整套,使挂架下部的 4 个落料窗口打开,可以使料盘充满饲料,这样家禽容易发现饲料,适应料盘,开始进食。

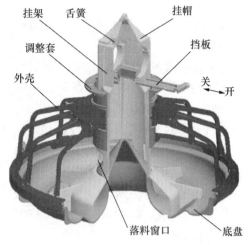

图 4-3-7　喂料盘示意图

该方法用来喂养幼禽。虽然大部分喂料线重量由地面承担,但不要去除悬挂系统上所有的重量以免吊线松弛。

当使用禽舍的一部分进行育雏时,没有雏禽的部分料盘用料盘专配的插板将落料通道堵住(插板完全插入)。用插板堵住的料盘不再会进饲料,此时料盘处于关闭状态,可以减少饲料的浪费。

当需要这部分料盘时,将插板向外拉出 2 档,则落料通道完全打开,此时料盘处于喂料状态。若插板向外拉出一档,则落料通道只打开一半。

建议开始的几天给幼禽多加饲料。当使用禽舍的一部分进行育雏时,这样做尤其适当。当饲料窗打开时不要使 EI-WL2/X 型喂料系统自动运行(最大需求量)。建议开始的 5~10 d 里开启侧边的落料窗口。5 d 内每天至少操作料盘 2 次,5 d 后若两侧的落料窗口开启,则每天根据需要操作喂料系统 3 次或 3 次以上。如果育雏期间(落料窗口打开)无法每天 1~3 次手动操作喂料线,那就使用计时钟限制喂料系统运作的次数和时间。如果做不到上述的任何一条,那么流入料盘中的饲料就可能太多从而造成浪费。

随着家禽的长大,它们逐渐适应料盘,喂料系统就要升到成禽的高度了。但在升高喂料系统之前,建议让家禽啄食落料窗口下面的饲料。这样可以方便落料窗口正确关闭。

使用悬挂系统提升喂料线。喂料系统升高时,落料窗口将关闭。继续提升喂料线直到料盘刚刚开始离开地面为止。

随着家禽的逐渐长大和饲料颗粒的大小不同,可旋转调整套来调整料盘落料的多少。调整套上有便于调整的手柄,逆时针旋转时分料斗与底盘的间隙变大,顺时针旋转时分料斗与底盘的间隙变小。

3. 检测料盘的使用

安装时,将检测料盘(图 4-3-8)放在距建筑物山墙 3 m 以外。使用部分禽舍空间进行育雏时,检测料盘要安装在距离育雏帘或隔离板至少两个料盘以外,这样可以使家禽主动去使用它。

使用时,将防水插头插入最近的防水插座。调节螺钉以调整底盘的高度,使检测料盘的高度与其余料盘的高度一致。

每天清空控制料盘数次使喂料系统正常工作。喂料系统发出的声音可以提醒家禽,使它们更快地适应在料盘中进食。

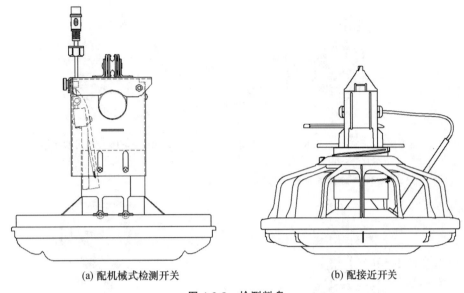

(a) 配机械式检测开关　　　　　　　　　　(b) 配接近开关

图 4-3-8　检测料盘

二、饮水设备

鸡用乳头式饮水器有两种安装方式:一是安装在鸡笼前面的食槽上方,二是安装在鸡笼上方,每两个饮水器间用软管连接,不受方向和地点控制,可任意上下调节。乳头式饮水器应在鸡上笼前安装完毕,鸡入场后直接给水,因刚装上饮水器,鸡只觉得新鲜,用喙去啄,一啄就出水,形成条件反射。这种饮水器水源密封,只有鸡只用喙去啄时才会出水,既节约用水,又能保证水的卫生,从而减少了疾病的传播。饲养员只需检查饮水器出水的流畅度,及时冲洗水线,以防止饮水器堵塞。而且,只需通过旋转反冲阀门即可实现对水线的冲洗,因而降低了劳动强度和生产成本,使得乳头式饮水器得到大量推广应用。

1. 水源的选择

在使用规模化养殖设备前须对水源进行挑选,优质的水源是养殖效果优良的重要前提,主要挑选原则如下。

①选择达标的水源,远离污染源,如工厂、生活区等废水排污线,优先选择自来水或深井水,要求无色、无味,微生物和矿物质含量要达到国家饮用水标准。

②对非自来水供水的应在进入鸡舍的管道安装过滤器。

③水源可疑或有轻度污染的可进行水质的消毒,消毒后检测合格的可以使用。消毒药常以漂白粉为主。使用方法:根据每次抽水量计算所需的漂白粉量,饮水消毒常用量为每立方米水加 4~8 g 漂白粉。注意经过消毒的饮用水不能用于活疫苗饮水免疫,以免影响免疫效果。

2. 饮水器介绍

目前国内肉鸡饮水设备通常分为球阀饮水器(图 4-3-9 和图 4-3-10)和锥阀饮水器(图 4-3-11 和图 4-3-12)。球阀饮水器采用的结构原理是钢球与圆柱配合,从而实现球体与圆环上表面切线的密封;而锥阀饮水器采用的是锥面与锥面的密封配合。

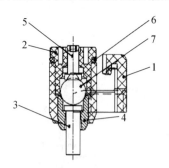

1. 乳头座 2. 压盖 3. 控水杆 4. 不锈钢座
5. 触杆 6. 密封圈 7. 钢球

图 4-3-9 球阀饮水器剖面图

图 4-3-10 球阀饮水器

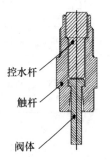

图 4-3-11 锥阀饮水器剖面图

图 4-3-12 锥阀饮水器

两种饮水器密封原理相似,但锥阀饮水器结构更简单,对水质要求不高,可以流畅排出水中微小异物,防止水管内部堵塞,便于清洗管道;而球阀饮水器相对锥阀饮水器结构较复杂,对水质过滤等级要求较高,不适用于过滤等级低的水质。因不利于水管内部杂质排出,且水中杂质会堵塞球阀饮水器上端进水间隙,易引起饮水器堵塞;杂质进入饮水器内部后也不易于排出饮水器,一旦填充到球体与阀体间,改变密封间隙,便会引起饮水器漏水比例增高,造成浪费。但球阀饮水器方便更换,更易于维护。

水对雏鸡的成长至关重要,在饲料的消化吸收、物质代谢和体温调节等方面起着重要作用。初生 1 日龄雏鸡第 1 次饮水为初饮,也叫开水。雏鸡出壳后会大量消耗体内水分。研究表明,雏鸡出壳 24 h 消耗体内水分 8%,出生 48 h 消耗水分 15%,所以应先饮水后开食,以促进肠道蠕动,吸收残留卵黄,排出胎粪,促进食欲。

幼雏在第 1 次饮水后,不能断水,初次饮水可在水中加 8% 的葡萄糖,同时加入抗生素和多种维生素或电解质营养液,饮足 12 h,这对幼雏的复壮、减少从出雏运输到育雏室造成的应激以及提高育雏期成活率都有良好的效果。电解质营养液配比如下:硫酸铜 19%、硫酸亚铁 6%、硫酸锰 0.5%、硫酸钾 8.5%、硫酸钠 8%、硫酸锌 0.5%、糖 57.5%,混合均匀后溶于水中。

饲养中应避免长时间缺水引起雏鸡暴饮。

饮水器要充足,初次饮水时 100 只幼雏至少应有 2～3 个 4～5 L 大小的真空饮水器,并均匀布置在鸡舍内部。饮水器应随饮水管道每天冲洗 1～2 次,饮水器随鸡只的日龄增大而调整。立体育雏开始在笼内饮水,1 日龄后应训练在笼外饮水;平面育雏随鸡日龄增大而调整饮水器高度。初次饮水的水温应保持与室温相同,1 周后直接饮用自来水即可。

使用乳头饮水器的注意事项如下:

①垫网要铺平整,特别是第 1 周育雏期间,要保证每只雏鸡均能有充足的饮用水。

②所有经过水线的药品必须完全溶于水,经过过滤后加入水管内,不得有沉淀及结晶。切不可将不溶于水或未完全溶于水的药品加入水管内部,这样容易造成饮水器堵塞,尤其是球阀饮水器。

③空舍后,须先用肥皂水(比例为 1‰～1.5‰)冲刷水线,再用 0.2% 乙酸溶液浸泡水线,最后用清水冲刷干净。

正常温度下,鸡只的饮水量是采食量的 1.6～2.0 倍,采食量、温度、鸡群健康状况等因素对饮水量影响很大。舍内温度高,鸡只健康,长势好,采食量和饮水量都会大幅度增加;热性病初期和患腹泻性疾病时饮水量会突然增加,同时后者粪便稀薄,而舍内温度低、热性病后期采食量和饮水量都会减少。这些因素要在检查中综合判断。不同日龄下鸡只每日参考饮水量如表 4-3-1 所示。

表 4-3-1　不同日龄下鸡只每日参考饮水量

日龄/d	7	14	21	28	35	42
饮水量/mL	58～65	102～115	149～167	192～216	232～261	274～308

对饮水系统的要求如下:

①单个乳头饮水器的流量。(7×周龄＋35)mL/min,肉鸡饮水量较大,建议养殖户使用流量在 50～70 mL/min 的乳头饮水器,每个乳头饮水器可供 8～10 只鸡饮水。

②鸡只对水质的要求执行饮用水标准,为保证饮水质量,结合水质化验报告,使用消毒剂或酸化剂进行定期消毒,一般采用挥发性氯化剂,如漂白粉等。要避开疫苗接种前后 3 d,以免影响免疫效果。

③鸡只是用喙啄水喝,饲养人员每天要参考日龄鸡只的生长情况来调整水线与地面的高度;参考高度见表 4-3-2。一定不要让鸡只低头饮水,那样会严重影响鸡只的生长和增重情况。正常供水水压为 0.3 MPa,可通过压力调节装置将水压降低到日常鸡只饮水所需水压对应高度。水压调节装置上方有透明水位指示管可以显示水压高度,水压高度决定乳头饮水器的流量,水柱越高压力越大,流量也越大;当水柱压力达到 400 mm 以上时,流量趋于平稳。图 4-3-13 所示为水柱高度与乳头饮水器侧流量的趋势图。

表 4-3-2　水线与底面的高度表

日龄/d	0	3	7	14	21	28	35	42
水线高度/cm	8	11	15	22	29	32	35	39

调节饮水器高度主要是调节饮水器的开阀力,对不同鸡群有不同的要求。开阀力 40 g(0.392 N)左右适用于成年鸡,开阀力 10 g(0.098 N)适用于雏鸡。进入水线内部之前调压器指示管高度也根据鸡只的周龄不断提高,进雏时水柱高度不大于 100 mm,保证雏鸡饮水方便。

3. 前端供水系统介绍

正常饮水须布置前端饮水过滤、减压、计量系统,如图 4-3-14 所示。用户水源接入左侧,通

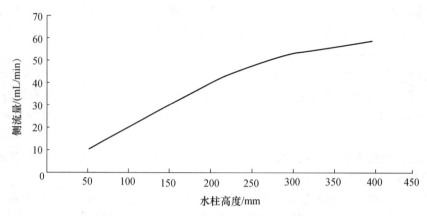

图 4-3-13　水柱高度与乳头饮水器侧流量的趋势图

过球阀控制水源通断,进入系统内的水首先通过过滤器进行过滤,防止进入水线内部的水质不干净从而引起水线堵塞。系统可通过管道活接头进行维护更换拆装等操作。当用户水源压力大于系统所需水源压力的时候,可通过减压阀将水源压力降低至系统所需压力后,通过水表统计饮水量。水表上端并联的支路是在饮水系统冲洗时水所通过的水路,避免水表将冲洗用的水统计到鸡只饮用水当中,水表过后分开一路留有加药系统进药水时的支路,加药时须将左侧球阀关闭防止药水流入水表,引起药水腐蚀水表压力表等器件造成器件寿命缩短。

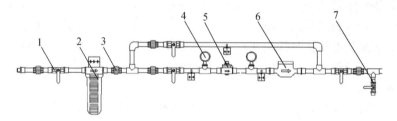

1. 球阀　2. 过滤器　3. 管道活接头　4. 压力表　5. 减压阀　6. 水表　7. 加药进水球阀

图 4-3-14　水线前端饮水过滤、减压、计量系统

　　过滤器内部含有滤芯,应经常冲洗滤芯,过滤器滤芯应选择易于冲洗、方便拆装的,且滤芯破损时应及时更换,避免引起水质变差影响养殖效果。当用户处水压满足正常使用要求时可不增加减压阀,使水流更加通畅,水量更充足。对于使用球阀饮水器的饮水系统,前端过滤器尤为重要,过滤器在满足不了过滤流量时,可考虑并联一组过滤器,并联过滤器时可考虑并联同等级过滤滤芯。

　　球阀应选择不易生锈的材质,如 PVC 管用球阀、铜材质或不锈钢材质球阀。对于经常开启和关闭的阀门建议优先选用金属材质球阀,使用寿命更长久,操作轻便。水表可选机械式普通水表,也可选择电子脉冲信号水表,该水表可与控制系统连接,反馈使用水量到控制器,方便为自动化养殖提供必要的信息。

　　反冲管道不应经过减压阀,反冲要求水压够高,以便可以将水管内部的杂质冲洗干净。

　　养殖户在使用前应将饮水管线中的气体完全排除,防止"气堵"现象发生。具体做法是:打开饮水管线使其进水后,将末端阀门打开,直到末端有水排出时再关闭末端阀门,将进水压力控制在 0.25～0.3 MPa,使用升降系统将水线调节至合适高度(根据鸡只大小调节,参考表 4-3-3)。雏鸡饲养是鸡只成长的重要阶段,鸡成活率的高低将直接影响鸡只出栏率,下面简单介绍 1～5 d 雏鸡的饮水。

在鸡到达前将乳头饮水器下面的接水杯中放满水(水中含有防应激和防病药物)。雏鸡进舍后,可让鸡稍事休息以适应新环境,然后教鸡饮水。第 1 天不能及时喝上水的雏鸡第 2 天将会变成弱雏。笼养时每笼要教 6～10 只,平养时每平方米教 35～40 只。方法是用手轻握雏鸡使其喙在接水杯中蘸一下。教完第 1 遍饮水后即可在笼内垫纸上(或料盘中)撒料"开食",开食后给雏鸡喂料应遵循"少喂勤添八成饱"的原则适时加料,开食 30～40 min 后开始第 2 遍教雏鸡饮水,如此第 3 遍后改为往接水杯中导水(用手轻按乳头饮水器,水自动流入接水杯中)。其间要认真观察鸡群,发现未喝到水的雏鸡立即挑出另行饲喂。导水工作应坚持到 5 d 以后,直到所有雏鸡都知道去乳头上取水饮用。

雏鸡学会正常饮水后,需要每天关注鸡只饮水情况。适时调整乳头饮水器的水压,要避免发生水压过高导致乳头饮水器漏水或水压过低使鸡只喝不到水的情况。

另外,在饲养过程中,随着肉鸡鸡龄增长,饮水管的高度也就是乳头饮水器的高度必须有利于鸡只的饮水。雏鸡在前 2 d 应能以 30°～45°角从顶杆底部触发饮水。4～5 d 时,应使用升降装置将乳头饮水器提高到合适的高度,使雏鸡能以大约 60°角从顶杆底部触发饮水。在以后的生长期里,每 2～3 d 调整 1 次乳头饮水器高度,使鸡只能以 70°～80°角从顶杆底部触发饮水。

4. 加药器介绍

国内外通常使用比例加药器,著名品牌有法国多寿(Dosatron)和美国多美滴(Dosmatic)等,加药器直接安装在供水管上,在加药器比例尺上调节好药剂与水的添加比例。以流动的压力水为动力,加药器按调节的比例将药剂与水在容器中自动充分混合并将稀释好的液体输送至出水管道。无论供水管水量及压力发生任何变化,加药器都会按照所注入药剂剂量及输入的水量保持调节好的比例进行混合。

(1)不同加药方式比较

①饮水加药。分阶段群体加药;用药成本低,简单、方便、准确、均匀;预防和治疗效果好、快,应激少。

②饲料加药。群体加药、浪费大;用药成本低,需要搅拌,不准确、不均匀;预防和治疗效果较慢;有的鸡采食量不稳定,有局限性。

③注射加药。个体注射,用药成本高;工作量大,劳动强度大;准确,治疗效果好,但不能预防,不全面。

④其他方式。口服、喷雾、浇灌等其他方式不具有代表性,不经常使用。

(2)饮水加药器的优点

一般来说,动物生病后,采食量逐渐减少或者不稳定,但饮水非常稳定,对预防和治疗动物疾病效果好、快,应激少,省钱。

因地制宜,以一栋栏舍或者一栋舍为单位,安装简单,投资少,成本低,回报率高。

饮水加药动物肠道吸收较快,作用比较迅速,尤其适合于预防和治疗消化道疾病。

饮水加药效率高,可以减少人力和物力的投入,缩短预防和治疗动物疾病的时间。

5. 饮水加药器的安装

不需要加药器总是处于打开状态时,必须将加药器安装在支路水管上,此安装方式有利于在不启动加药器时,水流也会通过主水管道。饮水加药器安装位置如图 4-3-15 所示。

在不需要加药时,将与水源过滤器在同一根管道上的球阀关闭,将主水管道上的球阀打开,同时关闭加药器出水端的球阀;此时加药器供水被终止,加药器无水流,则停止吸入药桶内的药水,停止加药。

加药器单价相对较高,目前国内大型肉鸡养殖场匹配自吸压力泵进行加药。该方式给药迅速,流量大,单位成本较加药器低,但需要用户自行准备大型水桶,将混合好的药水通过自吸压力泵给到饮水管中。当水管内压力达到水泵上压力

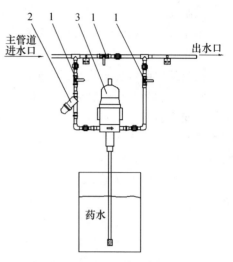

1. 球阀 2. 水源过滤器 3. 加药器
图 4-3-15　饮水加药器安装位置

开关设定上限压力值后,水泵停止工作;随着禽群饮水,管道压力到达压力开关下限压力值后,水泵重新开始工作,循环加药。但加药泵噪声较大,且频繁启停,容易引起应激。

6. 药品准备

(1)处方签

按照农业农村部规定,鸡用药需要执业兽医师开具处方签。记录并规范用药流程,利于追溯用药历史,避免重复用药。

准确记录商品名、通用名、生产厂家、生产日期、批准文号、主要成分、含量等药品信息,防止使用假药,杜绝过期药品出现;明确药品成分、含量,准确指导用药;便于根据药品厂家和当地特点筛选疗效高的药品。

(2)药品储运

遵守《药品经营质量管理规范》。例如,遵守以下措施,可防止在采购、运输、储存过程中操作不当造成药品疗效降低或者失效的现象。

①采购有资质的厂家生产的兽药。

②储运防尘、防潮、防霉、防污染。

③储运防虫、防鼠、防鸟等。

④储运避光、通风和排水。

⑤定期检测和调节药品库的温度、湿度。

7. 药品特性的掌握

溶解性。容易造成难溶解,需要提前准备温水预溶解。例如黏杆菌素。

中毒量。严格把控剂量和饮用时间,防止中毒。例如聚醚离子类抗球虫药,如马杜拉霉素中毒量和治疗量较近,饲料中常常添加,容易出现中毒。

适口性。苦、涩等会影响采食和饮水。例如泰妙菌素、替米考星苦涩重,影响饮水量。

半衰期。生物利用度,内服吸收情况,达到血药峰值时间,维持时长等。例如氨基糖苷类药物内服吸收较差,青霉素类药品半衰期较短,在使用药品时均应充分考虑。

停药期多久,是否存在违规行为。

8. 加药过程

了解药品特性,注意药品配置环节,例如以下常见特性及对应处理措施。

挥发性药物:应当在水下开启瓶塞,防止挥发浪费。

腐蚀性、刺激性药物:应当佩戴防护设施,如口罩、手套。

粉末性药物:应防止药品飞溅浪费,或误吸入呼吸道。

(1)加药准备

加药泵模式:关掉加药泵电源,防止吸入预混液。

加药器模式:关闭加药器前后端阀门,防止吸入预混液。

可提前试饮清水,了解鸡群饮水量,便于准确计算药品兑水量,合理控制饮药时间。根据药品适口性,合理安排一栋舍或者一段时间少量药物试饮,更能准确把握药品兑水量,控制饮药时间。依据药品的特性,为保证饮药的均匀度,提高药品疗效,控水、控料、控光,都是可以采取的措施。

(2)药品的扩溶

注意细节和步骤,保证药品的溶解效果。

在大桶内准备计划兑水量的 $30\%\sim50\%$;用小桶将药物预混为 $10\sim20$ L 溶液,适当搅拌,完全稀释;将小桶内预混溶液倒入大桶;用清水刷洗小桶倒入大桶;往大桶加水至 100% 水量;在往大桶加水的过程中不断搅拌 $2\sim3$ min。对于易分解而使疗效降低的药物,可以分2 次或多次溶解。

(3)开始加药

加药泵加药:打开加药泵开关,或者插好加药泵插头;调整加药器前后阀门,使得清水由原来流经的管道按照要求的方向改道经过加药器;记录开始饮用时间、水桶液位、水表读数等。

(4)过程监控

鸡的检查:鸡饮用药物期间饮水行为有无异常。设备的检查:加药泵和加药器的检查,保证药品饮用过程中无异常。药品的检查:如果遇到药水变色,药物沉淀或浑浊,药水结晶,药水发热,有气泡冒出或有泡沫样物质,均应及时上报应对。

鸡群异常处理:发现突然死亡、尖叫等,要停止供水,提升水线,报场长或者处方人员应对。设备异常处理:倾听加药泵或加药器运行声音是否异常,加药、饮水速度是否在计划中,如有异常,立即报修。

(5)加药结束

剩余少量药液时倾斜加药桶,继续加药至药液吸入完全;用少量清水刷洗加药桶,继续加药;若剩余为难溶物,直接进行下一步;刷洗加药桶;记录饮用结束时间;饮用 $1\sim2$ h 清水;冲洗水线,防止水线堵塞。

(6)善后工作

按照要求完成饮药情况记录日报,对照饮用目的,实时追踪;将药品包装无害化处理,保留药品包装袋样品,以备将来查验;根据料量、水量以及采食时间变化,增重情况以及料肉比变化,分析用药对家禽生长的影响。

9. 饮水管介绍

饮水管的主要组成部分包括饮水管道、管接头、饮水器。饮水管道通常选用优质卫生级 PVC 管道。笼养设备因要保证每单元笼内饮水器数量及间距相当,饮水管道长度通常采用单元笼体长度的整数倍减去接头内台阶面的长度。平养设备的饮水管道长度根据实际生产安装等,通常选择每根 3 m 或 4 m。饮水器间距通常在 3～5 个/m。

根据饲养的要求,平养设备通常选择圆形 PVC 管道,笼养设备通常选择方形 PVC 管道。管道要求内外壁光滑,方便冲洗,不易黏附杂物。圆形管道在平养设备使用中应在管道上部安装配重管及管夹,防止水管晃动及打转,且应配置防栖息装置,避免鸡只跳到管道上部休息,影响设备平稳度。方形水管应用在笼内,由笼网间隔对管道进行左右约束,不易摇摆,且网格间距与方管宽度相当,不会引起管道打转,因内部空间狭小,可不配置防栖息装置及配重管。

水管接头一端应具有密封圈承插口,用来容纳管道热胀冷缩的余量。在养殖过程中,舍内温度升高,PVC 管道热胀冷缩,如不配置伸缩接头,极易引起管道翘曲或水管脱开。

10. 饮水系统使用中常见的问题及解决措施

在饲养过程中,药物的添加,尤其是一些水溶性维生素的添加,在适宜温度下会造成细菌迅速繁殖,既污染水质,又会形成黏稠的沉淀物附着在水线的管壁上,冲洗难度较大。还有些地区水质硬度过大,无机盐沉淀严重,时间一长冲洗起来非常困难。由此可见,在家禽养殖中最容易忽视也是最易出现的问题是饮水系统的堵塞和水质污染。

(1)鸡用饮水器的清洗方法

在养鸡生产中,许多养殖场员工或养殖户未掌握清洗饮水器的合理方法,使饮水器始终没有得到彻底的清洗,时间长了饮水器内会聚集存留异物,污染水质,危害鸡只健康。在养鸡生产中,可采取以下方法清洗不同类型的饮水器。

①饮水壶的清洗。饮水壶是养鸡生产中常用的供水设备,尤其是育雏期,许多养鸡场都使用饮水壶供水。长期使用饮水壶,壶体内部有一种很难闻的气味,用手摸感觉到有黏性的物质,这是水中的药物、疫苗和水中的杂质长期聚集存留于壶体内部变质形成的异物。若得不到及时清除,异物污染水质,会危害鸡只健康。

在养鸡生产中,许多养殖户只清洗饮水壶底盘和壶体外表,而壶体内部作为装水的主要部位,却没有得到彻底清洗。这是因为大多数厂家生产的饮水壶口径太小,手伸不到里面,无法清洗或清洗得不彻底。生产中许多养殖户只是将饮水壶体内灌水冲刷,该法不能彻底清除壶体内部的异物。因此,在养鸡生产中饮水壶的底盘、壶体外表和壶体内部都需要彻底清洗,才能保证饮水清洁、卫生。

对饮水壶的清洗,首先,要选择适合清洗饮水壶的抹布。抹布以棉占 60%、涤纶占 40% 为宜,也可用人的破旧内衣做抹布。选择柔软、吸水性好和清洁率高的抹布,才能达到彻底清除异物的目的。其次,找到可用的清洗方法。认真仔细清洗饮水壶的底盘、壶体外表和壶体内部。若饮水壶口径太小,在清洗壶体内部时,可将拳头大小的抹布团,用水浸湿,放入壶体内部,单手握住壶颈部,将壶体倒立,快速旋转,使抹布团在壶体内部由壶顶部旋转至壶颈部。取出抹布团,对饮水壶灌水冲刷即可。这样可以将壶体内部异物清除得干干净净。清洗的同时可在水中添加消毒剂,清洗效果更佳。

②乳头饮水器的清洗。乳头饮水器是当今养鸡业使用最广泛的供水设备。虽然水在乳

头饮水器内密闭着,不与外界接触,但是,生产实践中经常采取饮水投药和饮水免疫,再加上饮水系统的长期使用,部分药物、疫苗和水中杂质易沉积或黏附在饮水系统内,污染水质,危害鸡只健康。因此,乳头饮水器也必须经常清洗,才能保证饮水清洁、卫生。

平时必须做好乳头饮水器的维护工作,防止混有杂质的水流入乳头饮水器内,污染和阻塞饮水器。乳头饮水器在闲置时,要将水箱存留的水排出,在位置较低处的水管段打开几个乳头饮水器,排出水管中存留的水,防止水变质,污染饮水系统。饮水免疫或饮水投药后,要用干净的水冲洗水管和水箱,防止疫苗或药物聚集存留于饮水系统内,沉淀、变质,污染水质。在生产实践中,若发现乳头饮水器内有异物,可用高压水管冲洗水管。具体方法是将水管一端打开,另一端接高压水管,让高压水快速流过饮水管,通过高压快速水流冲洗乳头饮水管中的黏性变质异物和沉淀物。若乳头饮水管内已有生物膜,可用过氧化氢或有机酸来清除生物膜。经常用此法冲洗水管,可防止黏性变质异物的形成和水中异物的沉积,从而保证饮水清洁、卫生。

③饮水槽的清洗。饮水槽在大型养鸡场中已不被使用,但许多小型养鸡场和农村养鸡场中仍然使用饮水槽作为供水设备。在养鸡生产中大多数使用"U"形和"V"形水槽。水槽与食槽相距较近,鸡只采食饲料最易将饲料带入水槽内,若得不到及时清除,饲料和异物能加速水质变质。因此,必须及时、彻底清除才能保证鸡只饮水清洁、卫生。

对饮水槽的清洗,首先,选择合适的抹布。抹布要求与饮水壶的清洗抹布要求相同。可根据水槽的构型,将抹布团浸湿后用手压实于水槽内,由一端向另一端进行擦洗,即可将水槽擦洗干净。将抹布用消毒液浸湿,清洗效果更佳。其次,选择合理的清洗时间。一般选择早上进行,这样才能使鸡群早上喝到新鲜干净的饮水。许多饲养员为让自己早上多睡会儿,而在晚上熄灯之前将水槽擦洗干净,错误地认为熄灯后鸡只不喝水水槽是干净的。虽然夜晚鸡只很少喝水,但熄灯后鸡舍内的环境尘埃和鸡只生活垃圾会污染清洗后的水槽,不能保证饮水清洁、卫生。另外,饮水槽内的饮水最易受到饲料和鸡舍环境尘埃的污染,因此对饮水槽必须做到天天清洗、一脏就洗,才能保证饮水清洁、卫生。

④饮水系统的清洗和消毒(以水线为例,水槽清理类似)。根据鸡舍的卫生状况,定期对饮水管线外壁或水槽用清洁球进行手工擦拭,保持管线光亮如新,不给微生物留滋生场所。建议每5~7 d清扫1次。

长期使用、鸡舍温度适宜、水线内压力恒定等使水线内壁形成一层营养膜,细菌、藻类等微生物极易生长繁殖,从而造成饮水水质污染。常用的处理方法如下。

对于空栏鸡舍:排空饮水管道,用高压水枪冲洗以清除饮水管道内外的污垢。然后在饮水管中打入一些能清除生物膜的药物,如0.1%过氧化氢等,滞留4 h后,用高压水枪冲出,把水排空后待用。

对于存栏鸡舍:清洁饮水管外壁后,每隔14~30 d用压力泵将一些氯制剂等消毒剂打入饮水管道中,浓度按各种类产品使用说明书使用,用时要搅拌均匀,15 min后开清水将药水冲掉,以防中毒。严重污染时可采用具有除垢功能的消毒剂,在晚上熄灯后以饮水用浓度放入水管中浸泡,第二天早上冲洗,可达到更好的消毒效果。

(2)消毒注意事项

①消毒剂慎用。使用消毒剂要慎重,消毒剂的浓度要按照饮水浓度配制。消毒剂现配现用,两种不同成分的消毒剂不要混合使用。消毒剂要经常交替使用,否则影响消毒效果。

②免疫与投药。接种弱毒活疫苗前后 3 d 不能消毒饮水。饮水投药后,要及时冲洗饮水管线以减少药物残留在管壁,成为细菌的培养基。

③微生物监测。有条件的鸡场要建立自己的微生物监测室,定期监测饮水中微生物的含量和消毒效果。

11. 养殖用饮水系统展望

未来鸡用饮水设备的发展将在现有基础上更先进、更科学。目前国内新兴多种养殖用饮水设备,如自动冲洗水线设备、缺水检测设备、超声波清洗设备、水温加热设备、硬水软化设备等,正随着科技的飞速发展逐步应用于大多数养殖场中,从而更为科学、人性化地解决饲养问题,为养殖提供更加充足的保障。

第五章

立体养殖工艺流程

●导读

立体化养殖已成为行业主流的养殖模式。本章介绍的立体化养殖工艺流程主要从育雏流程、生产管理流程、空栏管理流程三方面介绍。育雏流程包含育雏前准备工作和育雏管理,生产管理流程包含消毒管理、通风管理、免疫管理、育成管理、出粪管理、出鸡管理、清洗管理,空栏管理流程包含设备维护总则、各系统设备保养及维护。

第一节　育雏流程

一、育雏前准备工作

(一)设备检查

检修所有设备,包括笼具设备、供电设备、供水设备、供料设备、通风设备、加热设备、照明设备、水帘、自动控制系统、报警设备等,并做好保养及试运行工作;保证这些设备在饲养期内都能正常运行,使设备处于正常的工作状态,同时确保鸡舍内部良好的密封性。

笼具每使用1次都会或多或少出现损坏的现象,在育雏前必须对笼具进行彻底的检查维修,确保笼具功能完好,主要从以下3个方面进行检查。

①检查笼具上下笼门是否能自由开启,不松弛。

②检查喂料调节挡板是否能够正常使用。

③检查笼网是否出现挤压变形,导致缝隙增大,如有应及时处理,防止雏鸡放入后出现跑鸡、串笼、挂伤、卡死鸡的现象。

(二)鸡舍密封性检查

(1)鸡舍常用的密封处理方法

鸡舍前后端大门须用挡布遮住,防止漏风;不用的风机外部用塑料薄膜包裹起来,舍内风机安装保温板;检查进风窗四周的密封情况,如有透风,用密封胶二次处理;水帘间湿帘框架四周用发泡剂密封,冬季不适用时,须用塑料薄膜整体包裹起来;全方位检查鸡舍墙体及房屋接缝处,漏风处打发泡剂。

(2)鸡舍密闭性的检测方法

关闭鸡舍所有门窗,开启一台50英寸风机,若负压值能达到50 Pa以上,说明鸡舍密闭性良好。

二、育雏管理

(一)入雏工作

1. 生产安排

操作间、走道物品摆放整齐,地面清洁并消毒;门前脚踏消毒盆配好消毒液。

将水线调至适当高度,接水盘底部距离笼具底网2~5 cm,确保小鸡容易喝到水。

2. 设备操作

检查鸡舍内部密封性和供暖设备是否能正常运行。

尽早提前预热鸡舍以使舍内空气温度达到34 ℃,建议冬季提前48 h升温,夏季提前24 h。

用喷雾设备对鸡舍间歇加湿至相对湿度达65%。

与孵化场沟通,确定鸡雏到场的时间。

准备好称重的电子秤,电子秤要校准,以保证称量结果的准确性。

安排专人验苗和对人员分工,以保证接雏工作能高效有序进行。

3. 运雏注意事项

按正确的方式、正确的剂量对所有的雏鸡接种正确的疫苗。

鸡鉴别和免疫后,应该将雏鸡放置在较暗的、环境控制良好的地方,使雏鸡在运输前能安静下来。

运输雏鸡时应该用环境控制良好的装运设备进行装运和运输。

雏鸡的运输时间应该预先计划好,以便尽快把雏鸡放入育雏区域。

雏鸡在出壳后应尽早饲喂和饮水。

4. 舍内环境要求

雏鸡在12~14日龄之前没有能力调节自己的体温,因此雏鸡依赖于所提供的环境温度以获得最适合的体温。在雏鸡到达前,笼内温度和鸡舍内的空气温度同样重要,因此对鸡舍进行必要的预温相当重要。鸡舍的温度和相对湿度应该在雏鸡到达前24 h达到理想的要求,建议如下:

舍温34 ℃(在雏鸡高度位置进行测定,也是饲料和饮水的所在位置);相对湿度60%~70%。

5. 接雏

定期监测温度、湿度等舍内环境指标,确保在整个育雏区域内环境条件均匀一致。

雏鸡到达前,对鸡舍内饲喂和饮水系统做最后一次检查,确保全部到位且分布合理。雏鸡到达后,所有的雏鸡都应该及时饮水和采食。

运雏鸡的车必须经过严格的消毒、清洗,且要保持车内良好的通风和温度,在尽量短的时间内将雏鸡运到鸡场。雏鸡到达鸡场后,在鸡盒内存放的时间越长,脱水的可能性越大,最终会导致早期死亡率高,7 日龄体重和最终的出栏体重也会受到影响。

图 5-1-1 育雏期鸡群状态

核实雏鸡的质量,根据实际数量,尽快将雏鸡小心地移出运雏车,并按正确的数量将雏鸡平均放置于笼内;快速、温柔、均匀地将雏鸡放到育雏区域,应促使雏鸡及时地自由采食和饮水,并及时把空鸡盒拿出鸡舍。

抽样检查,称重并做好相关方面的记录。

在加温开始时就实施最小通风,将舍内废气和过量水气排出鸡舍,将漏风处密封,避免冷风直吹雏鸡。看鸡施温,要观察鸡群的状态(图 5-1-1),不能只看温度计。

雏鸡入舍后的前 7 d 应给雏鸡提供 23 h 的光照时间,30～40 lx 的光照强度,以帮助雏鸡尽快适应新环境,促进雏鸡采食和饮水。

6. 雏鸡的质量标准

雏鸡的健康状况,需要从体表绒毛、精神、鸣声、体重等几个方面来判断。雏鸡的质量标准见表 5-1-1。

表 5-1-1 雏鸡的质量标准

项目	健雏	弱雏
出壳时间	正常	过早或过迟
绒毛	整洁有光泽,长度正常	蓬乱污秽,无光或短缺
体重	不低于 35 g,均匀一致、达标	大小不一,过重或过轻
脐部	愈合良好,干燥,绒毛覆盖	愈合不良,有浊液、血或卵黄囊外凸,脐部裸露
腹部	大小适中,柔软	特别大
手感	有膘、饱满、挣扎有力	瘦弱、松软、无挣扎力
精神	活泼、反应快	痴呆、闭目、怕冷、站立不稳、反应迟钝
鸣声	脆而响亮	嘶哑或鸣叫不止

7. 育雏开端评估

雏鸡开食以后的一段时间内,雏鸡会感觉饥饿,这就说明雏鸡应该有良好的采食而且嗉囊会充满饲料。雏鸡到达鸡场后的 8 h 和 24 h,应该分别进行抽样检查鸡群的采食情况,以确保所有的雏鸡能找到饲料和饮水。在鸡舍的 3～4 个不同位置分别抽样 30～40 只雏鸡进行检查,轻轻地触摸雏鸡的嗉囊;如果雏鸡找到了饲料和饮水,嗉囊应该饱满、圆润;如果嗉囊饱满,还能明显触摸到饲料的原始状态,说明雏鸡饮水量不足。雏鸡到达鸡场后 8 h,80% 的雏鸡嗉囊应该饱满,24 h 该指标是 95%～100%。

(二)育雏饲养

为了确保鸡群的健康和培育雏鸡良好的食欲,应给雏鸡提供最适宜的温度和湿度。应该经常、定期检查温度和相对湿度,育雏前 5 d,每天至少检查 2 次,以后每天检查 1 次,测定温度和相对湿度的位置应与鸡背高度一致。

育雏期间需要一定的通风,但要避免贼风,保持适宜的温度和相对湿度,保持足够的空气交换,防止有害气体如一氧化碳、二氧化碳和氨气的积聚。

从 1 日龄开始,鸡舍应该采用最小通风方式,确保持续地、定期地给雏鸡提供所需要的新鲜空气;鸡舍内可以使用循环风机以保持鸡舍内鸡背高度的空气质量和温度均匀一致。

雏鸡的羽毛保暖效果较差,容易产生风冷效应,因此应该尽可能降低鸡背的风速。

1. 饮水与开食

在整个育雏期内,必须保证为雏鸡随时提供洁净的水。将雏鸡移入育雏室内,稍作休息,饮水、开食;1 周内可饮温开水(加入一定的药物),水温应控制在 16～20 ℃,1 周后就可以饮自来水了。

雏鸡一生中的前 10 d 经受着一系列的重要变化,所有这些变化都会影响雏鸡如何或从哪里获得其营养需求,这就是为什么此阶段的管理对于肉鸡获得最佳生产性能如此关键。在育雏前 10 d,雏鸡的环境从出雏器变成肉鸡舍,早期环境的变化都会对当时以及最终的生产性能造成不良影响,雏鸡必须尽快适应并建立良好的采食及饮水行为,才能发挥其生长发育方面的遗传潜力。

在孵化后期以及刚出雏时,雏鸡的营养物质都来源于卵黄,然而,雏鸡到达鸡场后通常用自动饲喂系统或者在地面铺的垫纸上饲喂颗粒破碎料或者较细的颗粒料,一旦饲料进入雏鸡肠道,雏鸡体内残留的卵黄会很快被消化吸收。因此,雏鸡出雏后应尽快饲喂,这有利于雏鸡利用这些营养物质促进其生长发育。

前 3 d,卵黄能提供雏鸡的营养和保护雏鸡所需的抗体,卵黄的吸收一般先于生长发育的启动,因此,在雏鸡开始采食之前,雏鸡的生长发育一般较为有限。正常情况下,前 48 h 卵黄吸收非常快,但是到了 3 日龄时剩余卵黄应该小于 1 g,鸡群内如果有些鸡只在前 1～3 d 没有采食的话,整个鸡群的均匀度以及鸡群的平均出栏体重都会受到严重影响。

雏鸡在 1 日龄时应该在开食盘或开食纸上采食,在 4～6 日龄时应转向自动喂料系统采食;10 日龄左右雏鸡必须面对将颗粒破碎料或者较细的颗粒料转换成颗粒料的变化。为了不影响鸡群的生产性能,上述这两种转变尽可能做到平稳过渡,应该让雏鸡很容易地从自动喂料系统中采食。10 日龄时提供高质量的颗粒料可最大限度地减弱在该阶段转变饲料物理形状对雏鸡造成的影响。

如果整个鸡群能够很好地应对这些转变,而且假定没有环境或者营养方面因素影响鸡群的生长发育,鸡群 7 日龄的体重应该是 1 日龄体重的 4.5～5 倍。

2. 饲养操作

(1)光照

光照时间和光照强度根据 7 日龄体重情况灵活调整。

(2)湿度

舍内开始预温时就把湿度探头校正好,整个饲养期的相对湿度前高后低。探头位置要远离风口。

育雏舍内要保持一定的湿度,舍内湿度过低,造成雏鸡体内的水分会通过呼吸大量散发,同时造成鸡舍内灰尘飞扬,使雏鸡患各种呼吸道疾病(如传染性喉气管炎、慢性呼吸道疾病等);舍内湿度过高,会使微生物大量繁殖,影响雏鸡的健康。综合考虑雏鸡舍内湿度以60%~70%为宜。

(3)温度

从预温开始时,就把温度探头校正好;放在鸡背高度,要求避开热源和排风扇。

雏鸡体温调节中枢的功能还不完善,体温比成鸡低 2~3 ℃,因此雏鸡对环境温度变化异常敏感,此时提供适宜的温度是育雏成功的关键措施之一。出壳后 1 周龄的雏鸡,育雏温度以 32~35 ℃为宜,以后每周下降 2~3 ℃,直至与室温(20 ℃左右)相等即可。鸡舍内可在大约 1 m 的高度悬挂干湿球温度计,根据鸡群集聚或疏散等,适当调整温度,使鸡只处于一个相对舒适的环境。

育雏期保证温度均匀,根据鸡群分布灵活调节 3 日龄前温度。

(4)育雏区域与分栏(分笼)

①育雏区域的选择。若笼具设备为 3 层,一般选用第 2 层作为肉鸡的育雏层;若笼具设备为 4 层,一般选用第 2 层和第 3 层作为肉鸡的育雏层(陈灿等,2018)。肉鸡笼养建议采取全舍育雏,方便后期的分栏工作。

②分栏情况。一般情况下,鸡群的分栏可采用一次或两次分栏,鸡群分栏的时机主要取决于鸡只的大小、状态和鸡群的密度。

一次分栏:一般育雏至 7~10 日龄可进行一次上下均匀分栏。两次分栏:一般育雏至 7~8 日龄可进行一次向上均匀分栏,14~16 日龄时,进行第二次向下均匀分栏(此时分栏,可将相对较大的鸡只统一分栏至最下层),如图 5-1-2 所示。

图 5-1-2 分栏

第二节　生产管理流程

为保证养殖利益最大化的需求,全新的自动化养殖设备是保障,规模集成化饲养是前提,生产管理是核心。生产管理包括:饲养参数的设置、自动化设备的配套使用、消毒程序控制、疾病预防措施等。饲养工艺的标准流程化,不仅可以带来操作管理上的方便,更多的是带来经济上的效益,满足了未来养殖行业的规模化、集约化和自动化需求。

一、消毒管理

(一)全场消毒

场区及禽舍内部设备需进行严格的防疫和消毒程序,干净、舒适的饲养环境是雏禽健康成长、获得更好料肉比的前提条件。

1. 禽舍消毒

(1)消毒前准备

清扫舍内地面积水,打开纵向风机将舍内晾干;饲养员配备好防毒口罩、防风眼镜、绝缘胶手套、水靴。

按3%配制火碱或其他消毒液,放于脚踏消毒盆中。

(2)消毒过程

消毒开始,饲养员按消毒要求,配好药水浓度。消毒范围为整个地面及舍内所有设备。注意控制进度,喷洒均匀,死角也要喷到。消毒后,关闭进风窗,保持禽舍密闭。严禁闲杂人员进入,进出禽舍必须浸脚消毒。禽舍密闭12 h后,进行第二次禽舍冲洗(清水),冲洗掉溅在设备上的药水。不要喷到重点金属类设备、风机等(洪亮,2011)。

2. 场区消毒

(1)消毒前准备

全场消毒在全场最后一栋禽舍第一次消毒结束后进行。提前用消毒桶按3%比例配制火碱溶液或其他消毒液,工具准备如图5-2-1所示。全场消毒不得在雨天进行。

(2)消毒过程

消毒开始,饲养员配备好防毒口罩、防护眼镜、绝缘胶手套、水靴。打开消毒机器,用高压冲洗枪均匀喷洒禽舍四周各通道(禁止用喷枪直冲地面),每平方米喷洒0.3~0.5 L,一直喷洒到大门口,如图5-2-2所示。注意控制进度,喷洒均匀,死角也要喷到。

(二)水线消毒

(1)前处理清洗

将通往禽舍内供水的阀门关闭,反冲过滤器;拆下过滤器滤芯,用适量有机酸溶液浸泡24 h后用清水清洗干净,装回过滤器中;拆开加药器,可用适量酸溶液浸泡并用清水清洗,用干抹布擦干组装好(组装时注意进、出水的方向,最好不要经常性地拆装)。

图 5-2-1 工具准备

图 5-2-2 全场消毒

（2）水线清洗

①逐条进行，打开水线末端球阀，将调压阀上的反冲旋钮打开，使水线工作在反冲过程中，冲洗过程中用皮锤轻敲水线。

②必须用酸制剂浸泡水线 12 h 以上（天冷时注意防冻），按有效浓度将有机酸加入水线。

二、通风管理

通风是指排除舍内有害气体和粉尘（如氨气、硫化氢、一氧化碳等），换外界新鲜空气的过程。合适的通风能够使新鲜空气均匀分布，而又不会对禽群造成风寒的应激；能够调节舍内的温度，辅助控制相对湿度。通风会影响空气质量、温度和湿度，如果通风不合适，饲料转化率、体重增长和禽群健康都会受到负面影响，同时禽群的淘汰率也会增加。无论外界环境如何，禽舍都要保证通风换气。在实际生产中，往往只注重温度的控制而忽略了通风的重要性，以致禽群的生产性能不能得到良好的发挥。

1. 通风要求

为了保证鸡群正常的生长发育和良好的通风需要，必须保证鸡舍的最小通风量，也就是说通风量低于最小通风量会对禽群的生命造成威胁，难以保证禽群健康。在饲养后期，禽舍温度达不到目标温度的情况下，一定要处理好通风和温度的关系，一定要在首先保证最小通风量的基础上再考虑目标温度。在供暖能力不足的情况下，可以适当降低目标温度，而且要注意在后期提前平稳降温。不能出现禽舍实际温度大幅度降低的现象，最好加大供暖能力，确保给鸡只提供合适的温度。

2. 通风方式

（1）自然通风

自然通风是利用温度和相对湿度的差异以及自然的空气流动来排除多余的热量和水分，提供新鲜空气。这种方式常用于开放式禽舍，要求这类禽舍建于坡地，以利于空气流通，且禽群饲养密度不宜过高。然而，外界的气温、风向、风速、日照强度和昼夜长短是不断变化的，如果禽舍环境得不到有效控制，往往达不到很好的生产性能。

（2）动力（或负压）通风

密闭式禽舍通常采用机械式负压通风，使用风机排风，进风窗或夏季进风口进风，排风量和新鲜空气进入量均可控,能够实现科学有效的通风,减少温差,以保证禽群生长环境的良好和稳定。禽舍环境控制最基本的要求是禽舍要密闭不漏风,从而保证禽舍有足够的负压。

动力(或负压)通风是最有效的禽舍通风方式,合理的负压会使进入禽舍内的空气速度适宜,使空气混合恰到好处,恰当的负压值与禽舍宽度成正比,禽舍越宽,所需的负压越大。粗略地计算时,禽舍的宽度每增加 1 m,负压值需增加 1 Pa。

根据禽的通风需要,负压通风可在 3 种不同的模式下操作:最小通风、过渡通风、纵向通风(成茜,2018)。

①最小通风。最小通风又称横向通风,在传统的禽舍环境控制理念中,人们往往只注重保证禽舍内的温度而忽略了必要的通风和氧气的供应。最小通风就是为了满足禽只的基本生理需求而提供的通风量,也就是禽只维持生命和健康所必需的通风量。当禽舍温度低于禽群所需目标温度时,就采用最小通风方式,在凉爽季节、小禽时期、晚上和冬天使用。

最小通风可以为禽群提供良好的空气质量和控制通过禽体的风速,如果忽视最小通风,禽舍内的空气质量就会恶化,甚至引起垫料潮湿、氨气浓度增加。通常用禽背高度的氨气浓度来评价禽舍的空气质量。禽舍内氨气浓度过高会带来很多负面影响,如刺激脚部、眼部、胸部起水泡,降低体重,均匀度差,易感染疾病以及饲养员不适。空气中高浓度的氨气会引起毛细血管收缩,增加心跳和呼吸频率,这将导致血压升高和肺水肿。

最小通风成功的关键在于有足够的风通过所有的进风窗,冷热空气相混并在禽的上方,不直接吹在禽身上,且要均匀地分布。

小禽要注意风冷效应,且风速不要超过 0.15 m/s,或尽可能低。

②过渡(或混合)通风。过渡通风在横向通风不能满足禽群需要,而温度又在慢慢升高,为确保禽舍换气降温需要,且不需要太高风速的情况下使用。横向风机或屋顶风机全部开启后不能满足禽群的需求时,就需要开启纵向通风的风机。此时要保证进风窗进风直接打到禽舍的房顶,以预防风吹过地面,使地面的禽群产生风冷效应;如果超过一半的纵向风机开启后还不能达到禽群对环境的需求,就要过渡到夏季纵向通风。

过渡通风与最小通风的原理一样,只是通风量会加大,它要求边墙进风与静压控制装置相连接,而不是像隧道通风阶段那样带出舍内热量。

③纵向(或隧道)通风。纵向通风又称夏季通风,就是当禽舍温度不能降低到养殖户所希望的目标温度时,利用风冷效应的原理,使禽只感受到的温度达到或接近理想温度的一种通风形式。

纵向通风需要考虑的条件:

a. 禽舍纵向风速:2.5~3.0 m/s。

b. 换气时间:最少 1 min 禽舍全部换气 1 次。

c. 控制相对湿度:45%~65%。

d. 进风窗关闭,水帘进风口开启,进入禽舍的风速要根据禽舍宽度来决定。

e. 温度控制:要看体感温度而不是干球温度。

要想使禽在炎热天气感到舒服,使用高速气流的风冷效应来维护大禽生长的环境。纵向通风可提供较大的气体交换和较强的风冷效应,每个 50 英寸的风机对 4 周龄的禽产生 1.4 ℃的风冷效应,超过 4 周这个数字则为 0.7 ℃。

如果总的排风量除以禽舍的横截面积得出的风速不超过 2 m/s,那么就要考虑安装挡风帘(三角帘)来减少禽舍横截面积,以获得理想的风速,然后计算得出挡风帘距地面的高度。挡风帘每 9 m 安装 1 个。

3. 降温加湿

在干燥的环境中,空气相对湿度较低,需要在温度不变的条件下增加空气的湿度。由于温度升高空气吸湿能力增强,吸收禽舍内多余的水汽,被排到禽舍外的空气带走舍内多余的热量和水汽,从而有效地控制了禽舍内的温度、相对湿度以及污染物的数量,改善家禽的生长环境。加湿一般采用喷雾的方式,以雾状形式增加禽舍湿度,避免造成禽群受凉。喷雾泵和喷雾线分别如图 5-2-3、图 5-2-4 所示。

图 5-2-3　喷雾泵

图 5-2-4　喷雾线

(1)喷雾

禁止喷腐蚀性液体如甲醛等;若使用喷雾加药消毒,则需要先过滤后再进入喷雾中;喷头要进行定期清洗,在使用过程中若发现喷头堵塞、滴水的情况,也需要对喷头进行清洗。

(2)湿帘

夏季高温天气,纵向通风还不能满足禽舍温度需求时,需开启湿帘,降低进舍空气的温度,使空气湿润凉爽,以达到禽舍降温的目的。

湿帘使用条件:当全部纵向风机开启时,禽舍温度高于 28℃,且相对湿度低于 80%。

待水帘纸全部干燥后再启动水泵给水,要让水帘一直处于渐干渐湿的循环中,以达到水蒸气从水帘纸表面蒸发的最佳效果。湿度一旦达到露点水就不再蒸发,此时不仅温度不会再下降,相对湿度还会增加。

(3)加热

供暖方式的不同,加热效果也不一样,但整体要保证场内所需能耗。禽舍温度的稳定均匀很大程度取决于加热设备的供暖能力和方式,常见的禽舍加热多采用热风炉、暖风带、水暖、电热保温伞、地暖管等方式。

加热设备主要受环境控制器控制,以热风炉加热为例,加热主要有两种方式:

①整体加热。当禽舍内温度传感器的平均温度低于设定值时,控制器启动加热系统,热风炉全部启动,直至舍内平均温度达到目标值后停止加热。

②分区加热。禽舍会被划分为 3~4 个加热区,每一区域安装 1~2 个温度传感器,当该区域的温度低于设定值时,对应的加热器启动,升高该区域的温度,直至目标值。分区加热可使禽舍内的温度更加均匀稳定。

在加热过程中,加热器配合循环风机一起使用,能够使舍内温度更加均匀稳定。当加热器停止工作后,启动循环风机,将加热器吹出的热风有效地扩散到禽舍中,能够避免舍内局部过热,舍内温度相对更加均匀。

三、免疫管理

1. 疫苗的储存

活的疫苗含有活的病毒和细菌,在某种机械和化学方式下很容易被杀灭或失去效力,主要影响因素有温度、消毒材料、氯化物、肥皂及其他的有机物质。

在运输和存储过程中所有疫苗都要保持在 2~8 ℃环境中;所有存放疫苗的设备都要保持清洁并设有最小、最大温度计;准备疫苗接种时应选择一个无消毒残留物、清洁、干燥的地方。

接种前应清洁双手,并进行乙醇(酒精)喷射消毒;做准备时只能用塑料容器或碗,应确保疫苗不接触金属,也不要暴露在阳光下。

2. 家禽活体疫苗的使用

一般情况下家禽疫苗有两种使用方法:使用很久的饮水法和后来的喷雾法。其中喷雾法可以提供更好的保护,防治多种类型的病毒。喷雾疫苗大多保护家禽免受 Newcastle 病毒侵袭,少数情况下可预防传染性支气管炎和头肿病。喷雾系统的效果依照喷到肉鸡上的雾滴大小有很大的不同。

3. 饮水法疫苗的使用

①肉鸡的饮用水应清洁无氯化物,pH 应该在 5.5~6.5。

②为了消除氯化物的影响,每升水应加 2.5 g 奶粉。

③将水罐内的水全部排尽,并清洗干净。

④按照肉鸡前一天饮水量的 1/7 准备好疫苗溶液,如果没有水表可以按以下计算:饮水量等于饲料重量的 1.8~2 倍。

⑤关闭禽舍的水线,根据禽舍温度让肉鸡 1.5~2 h 内不喝水,在温度高的情况下,可以将时间减少到 1 h。

⑥在鸡饮用含疫苗的溶液前,关掉禽舍的灯光,将水线调压阀调至反冲状态,在水线末端观察排水情况;待疫苗水流到端头后,打开禽舍灯光,将调压阀调整至正常饮水状态,让鸡正常饮水。

⑦保证鸡在最短时间内饮完疫苗。

4. 喷雾法疫苗的使用

①在喷雾水桶内加入所需的水,按免疫要求的比例配制;将疫苗滴入水桶内,用干净的玻璃棒轻轻进行搅拌,确保疫苗混合均匀。

②启动喷雾系统,调整至合适的压力,确保每组笼具内都能喷洒到。

③疫苗溶解后 2 h 内必须用完。

四、育成管理

每天检查环境控制系统和饮水系统单元处于正常工作状态;沿着笼具中心通道走到禽

舍后面,注意观察异常的情况,如禽群的采食、饮水情况,舍内的味道、气流、温度等(过高或过低);再沿着墙边的走道走回禽舍前面。

时刻观察禽群的耗水量,耗水量永远不应该下降,耗水量与肉鸡的增长保持一致。根据肉鸡的生长来控制调节水线,检查所有饮水器是否能正常使用,并检测饮水器是否能保证足够的出水量。

每周用适量的消毒剂冲刷水线,以防止细菌对肉鸡造成伤害。

检查控制料盘是否精准控制喂料线,每天应定期清理检测料盘;为防止饲料的浪费,每天喂料应少食多餐,尽量让肉鸡吃完料盘中的饲料后再打料;在生产期内,每次到场的饲料都要留样。

控制每层肉鸡的死亡率,将死鸡尽快取走,每天定期对环境控制器中的存栏数量进行更新修改;每次将 15% 的死鸡送到实验室进行解剖,以确认是否有疾病发生,也要送一些活禽做比较试验。

检查照明情况,有坏的应及时维修或更换。

如笼门因某项工作打开了,应保证再次关上。

每周最少 1 次将来自不同层数和鸡笼的鸡进行称重,以确定鸡每天的生长量。

将每天的饲养参数都记录到报表中(如耗料量、耗水量、温度、灯光、疫苗情况)。

五、出粪管理

鸡龄 4 d 时,出粪 1 次;第 2 周时,每周至少出粪 2 次;第 3 周时,每周至少出粪 3 次;从第 4 周开始至出栏前,每天都要出粪(特别是天气炎热时,每天都要操作)。

开启传送带前要先清理刮板条,以确保刮板紧贴传送带;任何时候都需要两人分别在笼体的前、后端观察传粪带的运行情况并及时调整。

肉鸡准备出栏前,在清空鸡笼前 8 h 停止喂料,让鸡群尽量吃净料盘(或料槽)中的饲料;出栏前要一直保持肉鸡的饮水;清空鸡笼前要立即清理一遍最后的鸡粪以便塑料底网抽出后肉鸡能落到干净的传送带上。

传粪带维护的重要提示如下:

①每个鸡笼的前后端都有能调节传送带的调节器。

②每天都要确保传送带运行正常。

③确保传送带平直并在正确的位置上。

④需要调整时,应用前、后端的扳手来调节传送带的松紧。

⑤如传送带打滑,就用传送带驱动单元后面的紧固工具来加大滚轴压力。

⑥当鸡舍加热时,传送带会伸展,这时要做一些调整。如鸡舍变暖,传送带就变长,鸡舍变冷时,传送带又变短,这样就需要每天调节。

⑦当鸡舍清空和温度下降时应立即松开传送带,收缩的传送带会对系统和传送带本身造成损坏。

六、出鸡管理

在捕捉肉鸡运到加工厂的过程中,如果简单粗暴地操作,那么生长期内精心饲养的肉鸡会受到一定的损伤,所以在清空鸡舍时应当注意以下几个方面。

为减少应激和保持肉鸡安静需将灯光调到最暗,在肉鸡升降机的后面放一个小的灯具来观察升降机上的肉鸡。

当抓鸡放入箱内时,要抓住肉鸡的鸡脚和鸡腿前部,不要抓鸡的大腿。

将肉鸡恰当地放在鸡筐内,不要把它们强推进去,确保无损伤。

当中间休息时,请确认传送带上没有肉鸡,以免肉鸡感觉过冷或过热。

鸡只身上的紫斑大多都是错误的捕捉造成的。

七、清洗管理

1. 冲洗步骤

鸡舍所有肉鸡被清走后就要开始清洗工作,为下一批鸡的到来做好准备。

①第一天,关闭所有进风口(包括鸡舍的大门),将鸡舍加热到 35 ℃,保持这个温度 24 h,舍内的一些污浊物体和灰尘就会变干,会更容易被清除掉。

②第二天,旋开料盘底,使料盘内的剩料落到传送带上,并清除地板上较大的垫块;开启传送带把料盘底收集到一端,稍后在容器里加入消毒水并仔细地清洗干净,用刷子和工业吸尘器清洁鸡舍地板。

③第三天,准备泡沫剂和喷射器械(压力机),在压力机里面加入水和泡沫的混合液。冲刷的过程如下:如果笼具间的走道宽度够宽,就把地板挂在通道鸡笼的外面,空间小的话就挂在一面,另一面的地板还在鸡笼里;把干净的地板放回再挂起,用泡沫冲刷另一面。

当冲刷挂着的地板时,打开两块地板间的槽以冲刷鸡笼内的隔间、地板支撑、喂料线、水线、和饮水管;泡沫要在材料上停留 25～30 min 后才能使污垢变软,在冲洗时,绝大部分的污垢会和泡沫一起被冲掉;30 min 后由泡沫喷射器换成水装置来冲刷地板和鸡笼隔间。在 100 m 长的笼具通道里喷射泡沫和冲洗需要 2 h,用两个泡沫喷射器清理 4 条通道需要 4～5 h。

④第四天,用泡沫冲刷所有的内墙和通风设备;检查所有设备,做好防水处理,当需要时进行更换和处理;检查鸡粪传送带的里外两面并用高压水流冲洗;用压力机喷射干净的水清洁笼具和地板。

⑤第五天,再次关闭鸡舍所有进风口和鸡舍大门,将鸡舍温度加热到 24 ℃后用福尔马林或其他可靠的消毒产品熏蒸,需要配置防毒空气面罩。鸡舍需要熏蒸消毒 24～48 h,熏蒸结束后打开所有进风窗口进行通风,驱散熏蒸雾气,待舍内设备晾干后,关闭鸡舍所有门窗,让鸡舍保持静止状态,等待下一个批次的雏鸡进来。

注意:喷射泡沫时,先从上往下喷洒,先清洁屋顶和吊扇,然后再清洁禽笼上层、下层。

2. 冲洗注意事项

总则:对鸡舍内所有电器类设备要求擦拭后密封包裹,若现场不具备该条件,则要保证不能用水枪直接冲洗电器类设备,防止进水后影响使用。

①用洁净的水冲洗鸡舍和舍内设备。

②冲洗鸡舍应本着从上而下的原则,先冲洗房顶,再冲洗设备,最后是地面、粪沟,全方位冲洗。

③冲洗前必须检查冲洗设备,开始冲洗前拿好冲洗枪,检查接头是否松动、出水管有无

爆裂。

　　④冲洗房顶、房梁结构及线管等。

　　⑤冲洗完成后,通风除湿。

第三节　空栏管理流程(含设备维护)

一、设备维护总则

1. 设备日常保养与维修的基本要求

设备维护保养,就是对设备的技术状态进行经常的检查、调整和处理,是通过擦拭、清扫、润滑、调整等一般方法对设备进行护理,以维持和保护设备的性能和技术状况。

设备在使用过程中,应经常性地进行维护保养,尽可能地保持设备的使用性能,延长设备的使用寿命。设备日常保养与维修应做到以下几点:

①及时性。根据实践经验和设备设计要求特点,及时对维护部位等进行维护,这样不仅能做到设备在无隐患状态下作业,而且还能减少在使用过程中因维修带来的损失。

②正确性。熟悉设备结构,遵守操作维护规程并合理使用,精心维护,做到设备无隐患,安全生产。

③可追溯性。每次维护要有详细的维护记录单,作为以后维修和维护的可追溯凭证。

2. 对设备使用人员的要求

①在使用设备过程中要养成"要我保养—我要保养—我会保养"的意识!

②严格按照操作规程使用设备,不要违章操作。

③工具及必须使用的附件要放置整齐并保管好,不损坏、不丢失。

④熟悉设备结构,掌握设备的技术性能和操作方法,具有基本的设备保养与维修经验。

⑤能独立排除一些设备的小故障。

⑥设备运转时,操作工应集中精力,不要边操作边交谈,更不能开着需要人员操作的机器离开岗位。

⑦应随时注意观察各部件运转情况和仪器仪表指示是否准确、灵敏,声响是否正常,如有异常,应立即停机检查,直到查明原因、排除为止。

⑧设备发生故障后,自己不能排除的应立即与维修工联系;在排除故障时,不要离开工作岗位,应与维修工一起工作,说明故障的发生、发展情况,共同做好故障排除记录。

3. 机械设备故障分类

致命故障:指危及或导致人身伤亡,引起机械设备报废、人身安全或造成重大经济损失的故障。

严重故障:指严重影响机械设备正常使用,在较短的有效时间内无法排除的故障。

一般故障:指明显影响设备正常使用,但在较短时间内可以排除的故障。

轻度故障:指轻度影响设备正常使用,能在日常保养中用随机工具排除的故障,如零件松动等。

4. 设备故障产生原因

设备故障产生原因较多,主要分为人为因素和非人为因素两大类,其中非人为因素主要包含以下几点:

①装配质量不合格,如果设备装配质量不符合装配要求,会引起零部件移位、加速磨损等失效问题。

②在正常使用条件下,机械设备有其自身的故障规律,使用条件改变时故障规律也随之变化。

③机械设备发生损耗故障的主要原因是零件的磨损和疲劳破坏,在规定的使用条件下,零件的磨损在单位时间内与载荷的大小呈直线关系。零件的疲劳损坏是在一定的交变载荷下发生的,并随其增大而加剧,因此,磨损和疲劳都与载荷有关。当载荷超过设计的额定值后,将引起剧烈的破坏,这是不允许的。

④工作环境包括气候、腐蚀介质和其他有害介质影响,以及工作对象的状况等。如温度升高、磨损和腐蚀加剧;过高的湿度和空气中存在腐蚀介质,造成腐蚀和磨损;空气中尘土过多、工作条件恶劣等都会影响机械设备的损坏。

5. 故障诊断方法

故障是设备的异常状态,根据检测设备异常状态信息的不同,形成了各种设备诊断方法。

常用的简易诊断主要有听诊法、触测法和观察法等,这些经验与技术对设备的保养与维修是非常重要的。

①眼看。是否有松动、裂纹及其他损伤等;检查润滑是否正常,有无干摩擦和跑、冒、滴、漏现象;判断零件的磨损情况;设备运行是否正常等。

②耳听。是否有不正常的杂音;正常运行情况下,机组的噪声是连续、平稳、有规律的。

③手摸。摸温度、振动、间隙的变化。

④鼻闻。闻气味,如焦味、油烟味等。泄漏、烧焦的乙烯、丙烷、润滑油、油漆等都有较大刺激性气味。

⑤比较。如同型号设备运行时各种状态的对比。找出不同,找出差距。

⑥检测。如检测各电器部分的绝缘和漏电情况。

二、各系统设备保养及维修

1. 进风窗的保养与维修

进风窗通常只需要很少量的保养维护工作,定期的常规检查可以避免很多不必要的问题。维修或保养维护设备时要断开电源,以免造成人员伤害。

①进风窗的保养。一批鸡出栏后要对进风窗进行清洗。对各紧固件要进行检查,并将松动的重新进行紧固;对滑轮进行润滑;定期检查导流板的方向。在雏鸡进入鸡舍前,应调整好进风窗的拉绳,确保同一组进风窗的开度一致。

②风口调节系统的常见故障与维修。风口调节系统的常见故障与维修方法见表5-3-1。

表 5-3-1 风口调节系统的常见故障与维修方法

序号	常见故障	可能原因	维修方法
1	电机不工作	1. 电源未插好 2. 保险丝坏 3. 电机坏	1. 插好电源 2. 更换保险丝 3. 维修电机
2	进风窗不能完全闭合或打开到最大角度	1. 拉绳没有调整好 2. 传动件卡滞	1. 重新调整拉绳长度 2. 检查传动件有无卡滞
3	各进风窗开启角度不同	1. 拉绳与风门连杆松动	1. 重新连接尼龙绳和风门
4	进风窗不能开启	1. 压绳扣松动 2. 风门和挡风板干涉	1. 把压绳扣固定牢固 2. 调整风门和挡风板使之不干涉
5	进风窗不能自动控制	1. 与控制器的通信线断开 2. 控制器设置不对	1. 接好通信线 2. 按控制器用户手册要求设置好

2. 进风口的保养与维修

进风口系统通常只需要很少量的保养维护工作,定期地常规检查可以避免很多不必要的问题。维修或保养维护设备时要断开电源,以免造成人员伤害。

①进风口的保养。一批鸡出栏后要对进风口进行清洗。

各紧固件要进行检查,并将松动的重新进行紧固。

②进风口的常见故障与维修。进风口的常见故障与维修方法见表 5-3-2。

表 5-3-2 进风口的常见故障与维修方法

序号	常见故障	可能原因	维修方法
1	电机不工作	1. 电源未插好 2. 保险丝坏 3. 电机坏	1. 插好电源 2. 更换保险丝 3. 维修电机
2	进风口不能完全闭合或打开到最大角度	1. 拉绳没有调整好 2. 传动件卡滞	1. 重新调整拉绳长度 2. 检查传动件有无卡滞
3	各进风口开启角度不同	1. 拉绳与风门连杆松动	1. 重新连接尼龙绳和风门
4	进风口不能开启	1. 压绳扣松动 2. 风门和边框干涉	1. 把压绳扣固定牢固 2. 调整风门和边框间隙使之不干涉
5	进风口不能自动控制	1. 与控制器的通信线断开 2. 控制器设置不对	1. 接好通信线 2. 按控制器用户手册要求设置好

3. 50 英寸风机的保养与维修

风机的合理使用和谨慎管理,可以长久保持其性能指标,延长使用寿命。

①50 英寸风机的保养。风机在运行一段时间后出现皮带松弛现象,皮带松弛后会影响风机运行的稳定及风量。另外,风机运行时皮带会磨损,当皮带磨损一定程度时必须更换皮带。皮带轮调节如图 5-3-1 所示。

②50 英寸风机的常见故障与维修。风机的常见故障与维修方法见表 5-3-3。

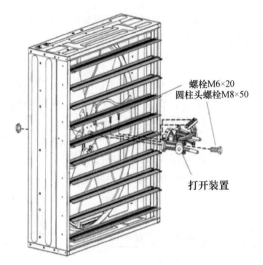

螺栓M6×20
圆柱头螺栓M8×50

打开装置

图 5-3-1　皮带轮调节

表 5-3-3　风机的常见故障与维修方法

序号	常见故障	可能原因	维修方法
1	风量不足	1. 电机反向旋转 2. 皮带过松,手转打滑,扇叶速度降低 3. 风机进出气流受阻或百叶窗开启失灵	1. 重新接线调整转向 2. 调整电机位置,调紧皮带 3. 检修百叶窗
2	电机不转	1. 电源缺相	1. 断电,检修电源电路
3	振动大	1. 叶片变形与导流罩摩擦 2. 皮带质量差,尺寸粗细分布不均或扭曲 3. 叶片有灰垢或变形使转子产生不平衡 4. 大皮带轮带槽变形 5. 法兰片与铝法兰的螺栓松开 6. 安装不稳固	1. 调整外框、叶片 2. 更换皮带 3. 调整叶片,清除叶片上杂物 4. 调整或更换大皮带轮 5. 紧固螺栓 6. 加固风机连接
4	电机电流过大或温升过高	1. 电机输入电压低或电源单相断电 2. 皮带过紧(更换新皮带时特别注意) 3. 电机受潮 4. 启动时间短,20 min 内允许额定电流 3 A	1. 调整电压,断电检查电路 2. 调整电机位置,减小皮带紧度 3. 拆开烘干或更换 4. 增加转动时间 1 h 后再查
5	百叶窗开启不畅	1. 百叶窗片变形,外框镀锌板挤压变形;安装不平拉簧失灵 2. 窗片两侧密封塑料损坏 3. 前压板安装不到位,搬运移位 4. 百叶窗两侧塑料件与侧板摩擦	1. 手工调平;打开前压板调整拉簧 2. 更换 3. 用螺丝刀调整或重新安装 4. 打开百叶窗,用螺丝刀调整
6	转动叶片与导流罩摩擦	1. 外框镀锌板挤压变形;安装不平	1. 风机四周填充物松掉,重新均匀填充;手工调平
7	PVC 百叶窗脱落或打不开	1. 与百叶窗连接在一起的联动杆与百叶窗连接脱落 2. 运输或安装使用中受到外力的撞击	1. 修理和更换 2. 修理和更换

4.屋顶风机的保养与维修

(1)屋顶风机的保养

屋顶风机在使用期间需要定期维护和保养,以便及时发现问题,延长风机使用寿命。在维护和保养时,需要做到以下两点:

①定期清洁屋顶风机,尤其是扇叶和风门上的污垢。

②观察屋顶风机运转有无异常响声或者振动是否剧烈,如有异常声音或者振动比较明显,请按照故障判断及排除方法进行排查。

(2)屋顶风机常见故障与维修

屋顶风机由于其恶劣的工作环境,且使用周期比较长,难免会出现一些故障,出现故障时需要进行故障判断和排除。屋顶风机的常见故障与维修方法见表5-3-4。

表 5-3-4   屋顶风机的常见故障与维修方法

序号	常见故障	可能原因	维修方法
1	风量不足	1. 风机叶片反向旋转 2. 叶片损坏	1. 调整电源线任意两根 2. 更换叶片
2	风机运行时振动噪声大	1. 叶片有灰垢或变形,使转子不平衡 2. 叶片与风筒摩擦 3. 电机支撑出现松动	1. 擦拭或更换叶片 2. 调整电机支撑的安装位置,保证叶片与风筒的间隙均匀 3. 检查电机支撑的情况,如果有损坏,及时更换
3	风机不运行	1. 风机热保护动作 2. 风机电机损坏	1. 检查风机有无异常,再复位热保护 2. 更换风机电机

5.湿帘的保养与维修

(1)湿帘的保养

定期清洗进水管、回水管路。湿帘尽量不要在太阳下曝晒。

(2)湿帘的常见故障与维修

湿帘的常见故障与维修方法见表5-3-5。

表 5-3-5   湿帘的常见故障与维修方法

序号	常见故障	可能原因	维修方法
1	水管漏水	1. 黏接不牢	1. 重新用 PVC 胶水黏接
2	软管接头处漏水	1. 水管接头未拧紧 2. 喉箍没拧紧	1. 拧紧水管接头 2. 拧紧喉箍
3	湿帘上没有水	1. 水池里无水 2. 水泵被淤泥堵塞	1. 向水池中加水 2. 清理淤泥
4	水泵不工作	1. 控制柜的旋钮打到"关" 2. 热保护被启动 3. 水泵坏	1. 将旋钮打到"手动"或"自动" 2. 查明过载原因,将热保护打到正常状态 3. 更换水泵

6.喷雾系统的保养与维修

(1)喷雾系统的保养

①定期检查过滤器滤芯。新换滤芯1周要查看1次,如果发现变黄、变黑、发硬,要及时更换。建议最好1～2个月定期更换滤芯,以防杂质进入喷头导致喷头堵塞损坏。

②检查喷雾泵内部机油。泵初次使用 100 h 后应更换机油,以后每隔 150 h 再更换 1 次。更换机油时,请打开排油螺栓排出肮脏机油。加机油后把排油螺栓锁紧,打开加油盖,注入 30♯～40♯机油,正确加油量在油镜 2/3 位置。

(2)喷雾系统常见故障与维修

喷雾系统的常见故障与维修方法见表 5-3-6。

表 5-3-6　喷雾系统的常见故障与维修方法

序号	常见故障	可能原因	维修方法
1	漏水	1. 水管接合处与机器连接处未锁紧 2. 主机漏水,无法处理	1. 用十字螺丝刀锁紧喉箍 2. 联络经销商或公司技术员处理
2	机器振动过大或出水不顺	1. 忘了开水源 2. 机器内部空气未排空 3. 供水量不足 4. 滤芯污秽太多,导致供水不足 5. 内部可能有故障	1. 打开水源 2. 先将出水接头取下,打开水龙头让机器内部空气排空 3. 检查水龙头供水量是否足够 4. 更换滤芯 5. 关掉电源和水源,联络经销商或公司技术员处理
3	泵体异常过热	1. 未将喷雾主机放置于通风处 2. 内部机油快耗完 3. 内部可能有故障	1. 将喷雾主机放置于通风处 2. 重新加机油 3. 关掉电源和水源,联络经销商或公司技术员处理

7. 照明系统的保养与维修

(1)照明系统的保养

照明系统通常只需要很少量的保养维护工作,定期的常规检查可以避免很多不必要的问题。维修或保养维护设备时要断开电源,以免造成人员伤害。

①一批鸡出栏后要清理灯具表面的灰尘。

②不使用照明时务必切断总电源开关。

③定期检查接线情况。

④在雏鸡进入鸡舍前,应调试好照明系统,使其可以正常工作。

(2)照明系统的常见故障与维修

照明系统的常见故障与维修方法见表 5-3-7。

表 5-3-7　照明系统的常见故障与维修方法

序号	常见故障	可能原因	维修方法
1	个别灯泡不亮	1. 灯泡损坏 2. 灯泡未拧紧 3. 接线盒接线松动	1. 更换灯泡 2. 拧紧灯泡 3. 重新接线
2	整路灯泡不亮	1. 控制柜接线松动 2. 单路空气开关断开	1. 拧紧电缆线端子 2. 闭合单路空气开关
3	不能调节光亮度	1. 光照模块坏	1. 修理光照模块

8. 供水系统的保养与维修

①饮水线的冲洗。要逐条反冲,将调压阀反冲手柄球阀打开,处于反冲状态,注意旋转

过程中不要用力过猛,否则容易拧坏球阀;每条冲洗 20 min,依次进行每条水线冲洗,等鸡舍每条水线都冲洗结束后,将操作间球阀拨到正常饮水状态,并检查水线的饮水器出水情况。

②前端水处理系统的冲洗。定期反冲,将过滤器中的脏物及时冲掉,保证饮水正常;进鸡前和饲养期间要定期拆下滤芯,用浸泡药液浸泡 24 h,然后用清水冲洗干净。

③水线浸泡清洗。对于使用药物频率过高或用中药混合水进行加药的,要定期对饮水管进行浸泡。按浸泡水线药物比例要求调配好,将药水通过水线反冲模式快速地通过加药泵加入饮水管内,确保鸡舍内整条水线管内都充满药液,浸泡 8~10 h,第 2 天用清水冲净饮水管内的药液(此过程要求在夜间操作,并提升水线,使鸡抬头无法喝到水)。

在鸡群饮水过程中,要定期检查机尾端饮水管的饮水器出水情况。末端处的饮水器如出水太少或没有出水,应及时调整水压大小,保证末端的饮水器能够出水。

特别说明:鸡舍空栏时,当舍内温度低于 4 ℃时,应放空水管内部的水,防止水管冻裂。

9. 喂料系统的保养与维修

喂料系统通常只需要很少量的保养维护工作,定期的常规检查可以避免很多不必要的问题。

(1)料斗的保养

保持料斗端、驱动电机端的料线始终处于平直状态。

①保持防栖线紧绷。这样可以增加电防栖系统的效用,防止鸡碰撞料盘时料盘倾斜。当鸡舍内没有鸡或冲洗鸡舍进行消毒时,从螺旋弹簧式喂料机中移走所有的饲料。将鸡移出鸡舍前关掉螺旋弹簧式喂料机,这样可以让鸡吃完盘中的饲料。如果长时间不用,从喂料线上和料盘中取走饲料,断开系统电源防止意外启动系统。如果要拆卸或维修绞龙,应极其小心,防止被弹出的绞龙所伤。

②断开整个系统的电源。从基座中拔出固定装置和轴承组件以及绞龙,用夹子或锁钳夹住绞龙防止弹回绞龙管,移去固定装置和轴承组件,小心地移去锁钳。

注意:维修时要尽可能远离绞龙,绞龙可能会弹回管中。

③及时调整料线吊绳、钢丝绳卡头的高度,保持料管平直,尤其是料斗和电机附近的料管一定要始终保持平直。

(2)减速电机的保养

冲洗时应保护好电机,以防进水。及时擦去电机上面的灰尘及杂物。鸡舍冲洗结束后或减速电机维修时应确保电机转向正确。

(3)接近开关(选用件)的调节及维护

出厂时接近开关的灵敏度已调整到合适的位置,尽量不要再调整。若需调整,须由专业维护人员调整:要求接近开关检测料的间距为 3~5 mm。调节接近开关尾部的旋钮来调整接近开关的检测距离。

低灵敏度——逆时针旋转灵敏度调节螺钉;高灵敏度——顺时针旋转灵敏度调节螺钉。

定期(每两天)轻轻擦去接近开关检测面上的浮灰,防止接近开关误动作。

(4)升降绞盘的保养

每 6 个月用普通工业润滑脂或汽车润滑脂给升降机丝杆、滑块上油,不要上太多的油。

(5)喂料系统的保养

维修和维护工作只能由合格的技术员完成,喂料系统的常见故障与维修方法见表 5-3-8。

表 5-3-8 喂料系统的常见故障与维修方法

序号	常见故障	可能原因	维修方法
1	所有控制回路均不工作	1. 控制回路保险丝熔断 2. 电源停电 3. 电源开关保护或没有合上 4. 电源开关坏 5. 电源器件线没有充分接触 6. 电机线在接线盒处松脱或电线与电机连接处破损 7. 控制器件开关损坏或调节不当	1. 更换同规格保险丝 2. 检查电源恢复供电 3. 合上电源开关 4. 更换电源开关 5. 检查控制器件处的电源线接头 6. 检查电线是否可继续使用,如果不能用立即更换 7. 根据保养维护部分的开关调整程序调节开关
2	喂料线不工作	1. 料斗内饲料量不够 2. 料斗缺料检测开关坏 3. 检测料盘内有存料 4. 末端料盘内有存料,电机保护	1. 向料斗内增加饲料或启动供料系统 2. 维修缺料检测开关 3. 定期清空检测料盘 4. 定期清空末端料盘
3	电机频繁超载	1. 初次运输饲料时,新绞龙上油过多导致电机超负荷运转 2. 电机供电不足 3. 绞龙中有异物	1. 将 20 kg 饲料倒入小料斗中,将料输出到料盘中磨滑绞龙 2. 检查电机处线的电压,检查电机处的接线是否松动,检查电源线粗细是否合适 3. 检查小料斗、驱动组件和料盘输出孔是否有异物,清除所有异物
4	绞龙运转不正常	1. 轴承被卡死或轴承破裂 2. 绞龙的预紧度不够 3. 绞龙中有异物	1. 更换轴承。慢慢将绞龙放回管中,重新插入绞龙时小心不要损坏轴承 2. 将绞龙拉出后,剪短 3. 清除异物
5	绞龙或料管磨损太快(螺旋弹簧式喂料机运行时有大噪声)	1. 绞龙弯曲或纠结 2. 驱动电机处料管磨损较快 3. 料斗附近的料管磨损较快	1. 检查绞龙有没有弯曲或损坏 2. 将驱动电机处的料管调平直 3. 将料斗处的料管调平直
6	小料斗供料不足	1. 时钟设定时间不足(自动控制) 2. 供料系统问题	1. 增加供料时间 2. 参照供料系统使用手册,检修供料系统
7	料盘供料不足	1. 插板位置不合适 2. 料盘调整不合适	1. 将插板拔出至最大位置 2. 旋转调整套至合适位置
8	料盘供料太多	1. 检测料盘内有存料 2. 检测料盘位置不合适 3. 检测料盘或末端料盘内有余料 4. 料盘调整不合适 5. 喂料线控制器开关调节不当	1. 定期清空检测料盘 2. 调整检测料盘在料线中的位置 3. 定期清空检测料盘和末端料盘 4. 旋转调整套至合适位置 5. 根据保养维护部分的开关调节程序调节开关

续表 5-3-8

序号	常见故障	可能原因	维修方法
9	喂料控制回路不工作	1. 料位检测开关检测面有饲料 2. 料位检测开关损坏 3. 电机损坏 4. 延时时间过长 5. 热继电器保护	1. 清除检测面的饲料 2. 更换料位检测开关 3. 更换电机 4. 重新调整延时时间 5. 查明原因并排除后按一下热继电器复位按键
10	喂料控制回路不能自动停止	1. 末位料盘检测开关断开 2. 料斗检测开关没断开 3. 保险丝断 4. 料位检测信号线断 5. 料位检测开关损坏 6. 延时板保险丝烧坏 7. 延时板损坏	1. 查明原因使之闭合 2. 查明原因使之复位 3. 更换保险丝 4. 查明断处并接好 5. 更换料位检测开关 6. 更换保险丝 7. 更换延时板

10. 清粪、出粪和扬粪系统的保养与维修

(1)清粪、出粪和扬粪系统的保养

①定期保养清粪、出粪和扬粪电机，适时更换润滑油(建议每 6 个月更换 1 次)。

②定期检查电机绝缘线有无损伤，防水接头有无松动。(建议每两批鸡检查 1 次)

③定期在清粪、出粪系统的传动件(链与链轮、齿轮、机头机尾端滚动轴承、机头张紧丝杆)加注润滑脂，以延长系统的使用寿命。

(2)清粪、出粪和扬粪系统的常见故障与维修

①清粪系统的常见故障与维修方法见表 5-3-9。

表 5-3-9　清粪系统的常见故障与维修方法

序号	常见故障	可能原因	维修方法
1	回程粪带颤动严重	1. 粪带过松	1. 顺时针旋转丝杆，适量紧定张紧机头端
2	电机颤动严重	1. 出鸡负载过重 2. 粪带过紧	1. 出鸡时，将粪带上容载鸡只量控制在 600 只以内 2. 逆时针旋转丝杆，适量松动张紧机头端
3	机尾端轴承异响	1. 驱动辊与压紧辊轴线不平行 2. 压紧辊中部的尼龙定位块圆弧面与压紧辊轴面切合不一致 3. 粪带过紧	1. 紧定压紧辊两端的紧定螺钉使两轴线平行，且距离在 127～130 mm 范围内 2. 配合紧定定位块横撑两端的紧定螺钉消除异响 3. 逆时针旋转丝杆，适量松动张紧机头端
4	粪带打滑	1. 驱动辊与压紧辊轴线距离大于 130 mm	1. 紧定压紧辊两端的紧定螺钉使两轴线平行，且距离在 127～130 mm 范围内

续表 5-3-9

序号	常见故障	可能原因	维修方法
5	粪带瞬间跑偏一侧	1. 驱动辊与压紧辊轴线不平行,其中距离一端大于 130 mm	1. 紧定压紧辊两端的紧定螺钉使两轴线平行,且距离在 127～130 mm 范围内
6	机头端粪带跑偏	1. 驱动辊、从动辊轴线不平行 2. 负载不均匀	1. 调节从动辊张紧丝杆,使驱动辊、从动辊轴线平行 2. 出鸡时,将粪带上容载鸡只量控制在 600 只以内
7	机尾端粪带跑偏	1. 驱动辊、从动辊轴线不平行 2. 负载不均匀	1. 紧定压紧辊两端的紧定螺钉使两轴线平行,且距离在 127～130 mm 范围内 2. 出鸡时,将粪带上容载鸡只量控制在 600 只以内
8	清粪辊不转动	1. 清粪电机未接通 2. 线路故障	1. 接通清粪电机 2. 检查电机线路

②出粪、扬粪系统的常见故障与维修方法见表 5-3-10。

表 5-3-10 出粪、扬粪系统的常见故障与维修方法

序号	常见故障	可能原因	维修方法
1	横向出粪系统打滑	1. 清粪系统开启列数过多	1. 建议 5 列及 5 列以上的笼具分两次开启清粪 2. 建议大日龄鸡只(20 日龄后)每天出粪 1 次
		2. 负载过大	1. 建议 5 列及 5 列以上的笼具分两次开启清粪 2. 建议大日龄鸡只(20 日龄后)每天出粪 1 次
2	扬粪系统打滑	1. 清粪系统开启列数过多	1. 建议 5 列及 5 列以上的笼具分两次开启清粪 2. 建议大日龄鸡只(20 日龄后)每天出粪 1 次
		2. 负载过大	1. 建议 5 列及 5 列以上的笼具分两次开启清粪 2. 建议大日龄鸡只(20 日龄后)每天出粪 1 次
3	扬粪系统溢粪	1. 清粪系统开启列数过多	1. 减少开启的清粪系统数量 2. 建议大日龄鸡只(20 日龄后)每天出粪 1 次
4	电机不转	1. 线路故障	1. 检测电机线路

11. 控制系统的保养与维修

(1)EI-BK 型集成综合控制柜的保养

①定期检查密封状况,用干抹布擦拭控制柜外部,保持控制柜的清洁。

②定期检查控制柜内部接线是否牢靠。

③定期对控制柜防尘滤网滤芯进行清洗。

注意:检查和维护时请务必切断电源。

(2)EI-BK 型集成综合控制柜的常见故障与维修

EI-BK 型集成综合控制柜的常见故障及维修方法见表 5-3-11。

表 5-3-11　EI-BK 型集成综合控制柜的常见故障及维修方法

序号	常见故障	可能原因	维修方法
1	所有控制回路均不工作	1. 控制回路保险丝熔断 2. 电源总开关保护或损坏 3. 电源停电	1. 更换同规格保险丝 2. 闭合 QF1 或更换 QF1 3. 检查电源恢复供电
2	风机控制回路不工作	1. 控制信号异常 2. 控制回路保险丝熔断 3. 交流接触器损坏 4. 热保护继电器保护 5. 热保护继电器损坏 6. 电机损坏 7. 空气开关跳开或损坏 8. 电源缺相	1. 修复控制信号 2. 更换同规格保险丝 3. 更换交流接触器 4. 查明原因并排除后按一下复位按键 5. 更换热保护继电器 6. 更换电机 7. 重新调整或更换空气开关 8. 查明原因并恢复供电
3	喂料控制回路不工作	1. 料位检测开关检测面有饲料 2. 料位检测开关损坏 3. 电机损坏 4. 料斗检测开关没断开 5. 热继电器保护 6. 末位料盘检测开关断开	1. 清除检测面的饲料 2. 更换料位检测开关 3. 更换电机 4. 查明原因使之复位 5. 查明原因并排除后按一下复位按键 6. 查明原因使之闭合
4	喂料控制回路不能自动停止	1. 料位检测信号线断 2. 料位检测开关损坏 3. 变压器无输出 4. 延时板无 12 V 直流电源 5. 延时板继电器损坏 6. 延时板定时器损坏	1. 查明断处并接好 2. 更换料位检测开关 3. 检查线路或更换变压器 4. 检查 LM317 可调稳压电源板输出 5. 更换继电器 6. 更换定时器
5	加热回路不工作	1. 空气开关跳开或损坏 2. 控制信号异常	1. 重新调整或更换空气开关 2. 修复控制信号
6	加湿喷雾不工作	1. 空气开关跳开或损坏 2. 控制信号异常 3. 控制回路保险丝熔断 4. 交流接触器损坏 5. 电源缺相	1. 重新调整或更换空气开关 2. 修复控制信号 3. 更换同规格保险丝 4. 更换交流接触器 5. 查明原因并恢复供电
7	电磁阀不能正常工作	1. 交流接触器与辅助延时模块未完全接触咬合 2. 辅助延时模块气囊损坏 3. 检查电磁阀规格（应为常闭型）或电磁阀损坏	1. 重新安装调整接触器与辅助延时模块 2. 更换辅助延时模块 3. 确认电磁阀型号或更换电磁阀
8	控制柜温度过高，散热风机未启动	1. 温度检测装置损坏 2. 轴流散热风机损坏	1. 更换温控开关 2. 更换轴流散热风机
9	报警装置不工作	1. 24 V 直流电源未接入控制柜 2. 报警开关未合闸 3. 断相保护板损坏 4. 声光报警器损坏	1. 检查线路,恢复供电 2. 闭合 SA35、SA36 3. 更换断相保护板 4. 更换声光报警器

注:QF 表示断路器,英文全称为 circuit-breaker。SA 表示选择开关,英文全称为 control switch。

12. 环境控制器的保养与维修

(1)环境控制器的保养

①检查门的密封状况,用干抹布擦拭机箱及控制柜外部。

②检查机箱及控制柜内部接线是否牢固。

③检查控制器的电源电压是否为220 V,转接板输出+5 V、+12 V、−12 V和继电器板上的+12 V是否正常,各项继电器输出功能是否正常。

④每个月检查停电报警功能是否正常,校准温湿度一次。

⑤机器长时间不用时,每个月要开机运转一次。

(2)环境控制器的常见故障与维修

环境控制器的常见故障与维修方法见表5-3-12。

表 5-3-12 环境控制器的常见故障与维修方法

序号	常见故障	可能原因	维修方法
1	不显示,不报警	1. 控制器+12 V保险丝熔断 2. 显示器接线掉或松动 3. 显示器坏 4. CPU板坏	1. 更换保险丝 2. 重新接线 3. 使用应急功能 4. 使用应急功能
2	不显示,报警	1. 控制器总保险丝熔断 2. 无220 V电源 3. 电源开关接触不良	1. 更换保险丝 2. 检查供电线路 3. 检查开关,修复或更换
3	加热或通风等功能不停	1. 继电器管理中加热或风机被打钩 2. CPU主板上驱动芯片(如ULN2803)坏 3. 控制芯片坏	1. 取消打钩 2. 检查并更换驱动芯片(如ULN2803) 3. 更换ULN2803或控制芯片
4	光照不工作	1. 转接板坏 2. 光照驱动模块接触不良或坏 3. 可调触发固态继电器坏	1. 更换转接板 2. 重新插接或更换 3. 更换可调触发固态继电器
5	温度、湿度显示值不正常(如显示00且不变,或显示最大值不变)	1. 转接板上的+12 V保险丝熔断 2. +12 V、−12 V电源不对 3. 温度、湿度探头故障 4. 探头线接触不好或短路	1. 更换保险丝 2. 检查+12 V和−12 V稳压块输入输出是否正常,若损坏则更换 3. 更换温度、湿度探头 4. 找到探头线连接处,重新接线
6	温度显示低且不变	1. 温度传感器坏 2. 传感器的线断开 3. 无+12 V电源	1. 更换温度探头 2. 查出断点,连接 3. 检查+12 V稳压块输入输出是否正常,若损坏则更换
7	湿度显示00或显示值不变	1. 传感器的湿敏电容受潮 2. 湿敏传感器坏 3. 传感器的线断开	1. 烘干 2. 更换湿度探头 3. 查出断点,连接

续表 5-3-12

序号	常见故障	可能原因	维修方法
8	控制器与计算机通信失败（有线方式）	1. 软件通信口设定不正确 2. 通信双方的地址设定不对应 3. 连接电缆线断 4. 计算机终端中的群控板坏 5. 计算机通信端口坏	1. 按软件操作说明书和实际使用端口重新设定 2. 按软件操作说明书重新设定 3. 恢复接线 4. 联系供应商维修或更换 5. 联系供应商维修或更换
9	控制器与计算机通信失败（无线方式）	1. 软件通信口设定不正确 2. 通信双方的地址设定不对应 3. 无线模块未正确连接 4. 无线模块坏	1. 按软件操作说明书和实际使用端口重新设定 2. 按软件操作说明书重新设定 3. 按配套的接线图正确接线 4. 联系供应商维修或更换

第六章

养殖云服务

●导读

　　本章阐述了我国肉鸡养殖设备用户在生产设备信息化管理和生产过程信息化程度上的现状,分析整理了用户在向数字化养殖场管理转型中的当下需求、未来需求,提出养殖云服务概念,并进一步阐述了养殖云服务对数字化养殖场建设的系统化支撑方案。

第一节　养殖信息化的现状

　　笔者从养殖场建设成本和规模角度将肉鸡养殖设备用户划分为四类:小型用户(养殖舍在 5 栋以内)、中型用户(养殖舍在 5~20 栋)、大型用户(养殖舍在 21~40 栋)以及超大型用户(养殖舍在 40 栋以上)。各种类型的用户对养殖信息化的应用需求差异很大,因而需要用不同的技术解决方案来应对不同的需求,其建设成本也差异较大。

　　对于小型用户来说,以栋舍为管理单位,管理者除了在环境控制器上进行参数设置和查看信息提示,基本上没有实质上的额外信息化需求。

　　中型用户由于养殖舍数量提升了一个数量级,依靠管理者频繁在每栋舍之间跑动设置参数和查看信息,已经是一个很重的体力劳动了,基本上不可能再有精力进行其他的生产活动。因此,这种类型的用户需要有一个信息化的管理平台,对场内的环境控制器进行集中式的参数设置和信息查看,尤其是报警信息的查看和应急状况的处理。

　　对于大型用户和超大型用户来说,养殖舍的数量更多,一个养殖小区往往承载不起如此多数量的养殖舍,因而在空间分布上,这些养殖舍会以一定数量集中在一起以一个养殖小区(养殖场)的形式存在,多个养殖小区以防疫安全距离为隔离带分散在多个地区。对于集中式管理来说,养殖小区的多地分布给管理造成了困难,他们对信息化的集中管理手段需求就更加强烈。

针对以上不同类型养殖用户的实际需求,笔者总结了养殖云服务所提供的服务内容,云服务需求分析见表 6-1-1。

表 6-1-1　云服务需求分析

序号	需求分类	需求描述与分析
1	功能需求	小型用户,管理者存在短时离开养殖舍的情况,有需要及时查看停电等重要报警的要求,但因为要额外采购设备,因而需求不强烈。其他类型用户,由于养殖舍数量众多,可能还分散在一定的安全防疫距离之外,对参数设定、报警信息查看都有实际的需求
2	管理需求	环境控制器本身具有记录饮水、饲料消耗、每日死亡数量等数据的功能,用户只能在环境控制器上查看这些内容,如果需要将多栋养殖的数据进行生产性能指标的分析和对比,则需要手工将这些数据抄出来,工作量巨大。通过与计算机联网的方式,可以把这些信息收集在计算机上,可以方便地实时查看,导出到办公软件等后端处理工具里进行二次分析和利用。这个内容与养殖用户的管理水平有很大关系,中、小型用户可能不关心,但是对于大型和超大型用户来说,进行精细化管理则非常需要这个内容
3	未来数据服务需求	环境数据与生产性能之间的关系在数据中是有体现的,只是这种内在规律关系靠人工来分析、展示则非常困难。原因在于,数据量小,揭示不出规律;数据量大,人工汇总和分析的工作量太大,是非常难完成的任务。因此,把这个需求交由专业的云服务软件来实施是最合适不过的。不过建设成本也不低,而且需要持续改进和反复迭代才能达到较好的效果。这一需求在当下是伪需求,需要长期发展才能转化为实际需求;一旦转化,则会变得急切无比
4	其他信息交互	如蛋、苗供应历史价格与未来趋势预测、供需信息推送等
5	维保信息支持	远程升级、远程故障诊断等,此条主要是由环境控制设备供应商对养殖用户提供维保服务的需要

Rotem 是国际上比较有名的养殖舍环境控制器品牌(笔者撰稿时为 Munters 旗下子品牌)。Rotem 团队在养殖物联网领域布局较早,提供全面的物联网方案,当前主要提供表 6-1-1 中与第 1、第 2 项有关的服务。

上海农汇信息科技有限公司(下称上海农汇)是一家专注农牧互联网技术开发和信息化服务的公司,2015 年初创建,目前已经上线智慧鸡场物联网和养殖管理云平台。该系统基于阿里云平台,向全国规模化的种鸡、蛋鸡、肉鸡养殖用户开放。

系统平台向养殖户们提供的主要功能与服务有以下 5 个方面。

①通过安装上海农汇的物联网设备与手机软件绑定,提供养殖栋舍内的温度、湿度、断电、二氧化碳、光照等项目的实时监测服务,报警与环控指标分析功能。

②针对批次养殖全过程的生产日志,包括进鸡数、死淘数、采食、饮水、体重、出栏等信息;销售与登记结算;提供实时记录、出栏预测和历史查询等功能。

③提供生产日报(周报)、生产指标分析、成绩对标和效益分析等功能,分析可按日龄、栋舍、标准、历史等多个维度。

④提供养殖课堂、社区论坛、市场行情等多种服务功能。

⑤提供体感温度、最小通风计算等养殖辅助工具。

江苏益客食品集团有限公司(下称益客集团)是我国领先的、成长速度较快的大型农牧食品集团之一,经过10余年的快速发展,公司现已发展成为集良种繁育、种禽养殖与孵化、饲料研发与生产、禽肉屠宰与加工、调理品、熟食商业连锁、农业物联网、行业大数据与分析及产业投资为一体的全产业链生态型农牧食品企业,在江苏、山东等地设有数十家产业基地与研发中心。

益客集团已经研发出智慧养殖农场管理信息系统和智慧家庭农场信息系统,实现养殖有效监控和服务效率提升;通过打通智慧养殖农场管理信息系统养殖端的溯源模块、工厂安全溯源数字系统及其流通端溯源,建立了产品从养殖到流通的全过程安全可追溯体系。其云平台叫"云禽通",不仅可以为养殖户提供生产监控,还能将生产过程中的数据与前后端打通,与食品安全追溯及客户关系管理(customer relationship management,CRM)系统有机地结合起来。

从几个不同类型的企业在云服务平台的布局来看,养殖企业通过布局云服务将生产、营销、工厂溯源联系起来,对企业的信息化发展最有帮助。云服务会将前、中、后端关联起来,集成客户CRM,指导养殖户按照企业标准生产。因此养殖企业布局的云服务运营效率最高,这是养殖企业自开发、自运用的类型,不一定适用于其他养殖企业。上海农汇基于在计算机、互联网等领域的深厚基础,布局云服务较为容易,但是如果下沉至养殖舍环境控制一级则存在困难,若没有较好的环境控制器的合作伙伴,建设周期则会很长,其服务一旦产生了用户黏性,则其业务会快速扩张。Rotem提供了基于养殖环境控制器的更加详细的云服务内容,因在养殖环境控制器领域耕耘更深,所以其提供的云服务更加详细和偏向基础设备管控,对用户产生看得见的好处,更贴近用户,是一种基于底层环境控制器向上层信息化应用发展、更加平稳地向未来数据服务发展的模式,也是对养殖设备终端用户通用的一种养殖信息化云服务平台。

第二节　养殖云服务的目标

从不同的角度看,养殖云服务的目标是不一样的。云服务首先要实现对自身的服务,也就是云服务平台具有对其下的各层级设备进行完善和升级的能力;其次要做到对设备的信息化管理和实现设备之间的信息互通。对于不同类型的养殖用户来说,养殖云服务有着不同的需求,笔者在上一节中已经论述过了,此处不再赘述。养殖云服务可利用一切可用资源,通过物联网技术,满足这些用户需求。

养殖云服务是用户需求导向的信息提供和交互的平台,其具体内容取决于用户需求。考虑到用户的投入成本和产生的经济效益,云服务平台的建设将是一个从集中监控开始,到大数据收集、分析、建模,形成专家库,最终反向指导用户设置养殖工艺参数的过程。养殖云服务的应用意义不仅是对环境控制器的运行状态和生产运营参数进行监控,更重要的应用意义在于将生产过程中的前端、后端信息流打通,并与客户CRM系统有机结合,打造全产业过程的数字化管理服务平台,提高数字化管理水平。例如,鸡翅间大小与重量的差异分析、重量与销售数据挂钩、利润与料肉比、死淘数量与温度变化的关系等。

第三节 养殖云服务的实现方法

养殖云既是产品,更是服务。其含义内容较为宽广,主要包括但不限于使用传感技术、数据采集技术、网络通信技术、数据库技术、自动控制理论、软件工程技术等多学科知识,相互交叉建立起来的产品和服务体系。完全建设起来非一朝一夕之功,在做好框架规划的前提下,可分阶段、分功能模块组分别搭建,最后进行模块对接,完成系统建设。本节侧重于论述云服务平台提供初级阶段服务前所要做的技术实现细节和方法,对于后期提供的打通生产过程中前端、后端数据关系的分析与再利用不做很多说明,因为在没有完成初级阶段应用服务的情况下,做这件事情为时过早。

物联网的概念最早可追溯到 1991 年,由美国麻省理工学院的 Kevin Ashton 教授首次提出。但物联网应用里程碑的标志性年份是哪一年,则众说纷纭。"加快物联网的研发应用"被写入 2010 年政府工作报告,因此有人称 2010 年为中国的物联网元年。

以 2010 年 10 月 18 日工业和信息化部与国家发展改革委员会联合印发《关于做好云计算服务创新发展试点示范工作的通知》,确定在北京、上海、深圳、杭州、无锡 5 个城市先行开展云计算服务创新发展试点示范工作为标志,可以说 2010 年是中国云计算元年。

可见,物联网和云计算的落地应用晚于环境控制器的规模化应用。对于环境控制器的存量市场而言,绝大多数环境控制器都是在没有物联网技术背景下的产物,其在物联网世界中是没有"身份"(即没有识别号)的,这些设备想进入物联网和养殖云的世界,则需要新增一些接入设备。在物联网和云之后出现的环境控制器,若加入了该技术的支持,即可接入物联网和云。这两种环境控制器接入云各自有不同的方法,下面介绍这两种环境控制器接入云的技术解决方案。

一、没有物联识别号的环境控制器接入云的技术解决方案

在 3G 通信技术成熟商用之前,规模化养殖场已运行多年,这些养殖场中有数量可观的环境控制器,这些控制器要么运行于单机模式,要么在场内通过串口通信与生产管理的计算机联网组成场级的专用监控网络。基于单机运行或场级联网需要的环境控制器,其身份识别码只是一个简单的数字编号,一般情况下这个数字编号是 8 bit 的无符号整数,除去设备开发商保留的扩展用地址号,其有效范围一般在 1～250。在这种情况下,理论上讲,当环境控制器的数量超出 250 台时,则无法用 1 台计算机①集中管理,而只能采用多台计算机分片区管理。然而实际上由于串口通信的速率与可靠通信距离呈反向趋势,因此当养殖场的规模大,养殖舍数量多时,就会有相当部分的养殖舍离办公监控室太远。此时串口通信的速率就要降低,通常情况下,使用 2 400 Baud 可以保证在 1 200 m 内通信是稳定可靠的。按每字节 11 bit 的串口数据编码格式,传输 1 个字节约 4.58 ms,连续传输 100 字节为 0.458 s。监

---

① 这里假定计算机只有 1 个串行通信口。

控计算机与环境控制器的 1 次通信过程,传输的数据量在几字节到几百字节不等,按连续传输 500 字节计,耗时大约 2.29 s。然而,这只是理论数据,实际通信过程中为减少误码和保证协议解析,在传输中都会故意设计一些时延,这样导致与 1 台环境控制器的实际通信时间比理论值会大得多,很多时候会大 1 个数量级(10 倍)。大多数标准养殖舍的宽度在 12～18 m,舍间距在 6～8 m,二者之和姑且以 15 m 计,当养殖舍一字并列排开时,养殖舍的数量最多约为 1 200÷15=80(个),按这个数量,在做将某台环境控制器的 500 字节的参数批量复制到其他环境控制器这个操作时,耗时往往会达 80×22.9÷60=30.5(min),这个耗时足以让用户抓狂。因此当环境控制器数量众多时,通信的实时性就会明显下降,达到让用户无法接受的程度。好在一般的规模化养殖场都以 20 栋以下的数量为一个管理单元,这样批量操作的时延就降到了用户可接受的程度内。由于全场养殖舍的环境控制器都已经连接到监控计算机上,因此只要把该集中监控的计算机连接到云上就可做到环境控制器的云接入。这个接入方案的优势在于充分利用了用户现有设备的能力,没有新增额外的物理设备采购费用,新增的费用只存在于购买监控计算机的监控软件升级包上。对于环境控制器的用户来说,这是最经济的云接入方案;对于设备商来说,这是提供兼容性的最佳技术解决方案。

二、具有物联识别号的环境控制器接入云的技术解决方案

这是一个体系化的解决方案。从技术解决方案角度来说,涉及 ID 的编码、生产过程中的编码管理、接入网络后的 ID 识别与鉴权等一系列的问题与解决方案。

(一)ID 的编码

有些 CPU 芯片本身具有全球唯一识别码,用于作为产品的 ID 识别是相当方便的,不过这些识别码是由 CPU 芯片生产厂商定义的,对于环境控制器来说,它不能包含环境控制器的特定信息,难以支持养殖云的应用意图,因此它不适用于直接当作环境控制器的识别码。笔者选用的 AVR 系列芯片本身也具有 ID 码,但是对某一个芯片型号而言,所有芯片的 ID 码都是相同的。例如任何一片 AtMega256(包含 AtMega2560、AtMega2560V、AtMega2561、AtMega2561V)芯片,其 ID 都是相同的,均为 0x1E9801,因此这些 ID 码更不具备作为环境控制器 ID 的识别码使用的条件。要实现养殖云服务的意图,需要设计一套 ID 编码规范。

ID 编码的三项原则:第一原则是必须保证唯一性;第二原则是 ID 码尽量短小、包含信息量尽量全面。这是互相矛盾的要求,二者之间要找一个平衡点;第三原则是要保证编码数量能支撑产品在停产前不能耗尽。

根据以上原则设计如下编码原则:ID 码=产品码+顺序号。产品码部分主要用于保证用尽量少的数据包含尽量多有关本机的信息,顺序号部分的主要作用是确定唯一性,二者结合后保证编码数量能达到一定量级,既能满足当下产品要求,又给未来使用留有一定余量。

下面示意一种编码方式。

1. 产品码

用两个字节(16 bit)的信息量来表示产品码。产品码定义见表 6-3-1。

表 6-3-1 产品码定义

bit	15	14	13	12	11	10	9	8	7	6	5	4	3	2	1	0
定义	位含义根据需要设计															

考虑到不同动物的养殖环境不同,需要有不同类型的环境控制器,因此,产品码的设计大有文章可为。下面示意一种产品码的设计,用 12 bit 表示产品的类、型、种,4 bit 表示产地,产品分类型号分配表见表 6-3-2。

表 6-3-2 产品分类型号分配表

产品分类型号			产地代码(4 bit)
类(4 bit)	型(4 bit)	种(4 bit)	
0	0	0	0
1	1	1	1
2	2	2	2
3	3	3	3
4	4	4	4
5	5	5	5
6	6	6	6
7	7	7	7
8	8	8	8
9	9	9	9
A	A	A	A
B	B	B	B
C	C	C	C
D	D	D	D
E	E	E	E
F	F	F	F

有了表 6-3-2 的支持,可以为不同养殖领域的环境控制器建立类目表,比如养禽用环境控制器型号类目表、养畜用环境控制器型号类目表、水产养殖用环境控制器型号类目表等。

2. 顺序号

用 4 个字节(32 bit)的信息量来表示顺序号,可以通过加入日期信息与顺序号组合的方法,保证产品 ID 的唯一性。顺序号定义见表 6-3-3。

表 6-3-3　顺序号定义

bit	31	30	29	28	27	26	25	24	23	22	21	20	19	18	17	16
定义	年							月				日				
bit	15	14	13	12	11	10	9	8	7	6	5	4	3	2	1	0
定义	生产顺序号															

(二)ID 的识别与鉴权

这里的识别与鉴权有两个层面的含义。第一层含义是指环境控制器本身可以对自身进行识别,如果不是正品原装货,则可以选择强制停机、拒绝服务等活动;第二层含义是指云对接入自己的环境控制器进行识别,识别其是否是登记造册的原装货,若是则为其建立运行期数据档案,否则拒绝其接入请求。

1. 正品自鉴别技术

环境控制器的软件生产过程分为两个阶段。第一阶段,为其烧写 BootLoader 引导加载程序。每生产一台环境控制器,在烧写引导程序过程中,都自动在引导区中的特定位置写入了符合前述规范的 ID 码,该 ID 码可唯一标识该环境控制器,同时该 ID 码被量产工具自动记录,并可通过导入记录的方式将生产过的 ID 码录入云服务平台的 ID 数据库。第二阶段,将已经烧写好 BootLoader 程序的主板上电,通过 BootLoader 引导程序将应用软件写入应用程序存储区,完成软件生产。再次开机就可以读取应用程序区和引导区的特定位置,将读到的数据进行比对,若相同,则说明是原装正品,则加载应用程序并执行;若不相同,则说明应用程序是非法的,反复执行引导程序,等待更新应用程序,直到更新完毕并验证为原装正品后加载应用程序并执行。

2. 正品云鉴别技术

在云上,专用服务软件持续运行,在接收到环境控制器发来的数据报文后,从报文中解析出环境控制器的 ID 码,然后在 ID 数据库中检索该 ID 是否存在。若存在说明是正品环境控制器发来的数据,则为其建立运行时的数据档案,并持续记录该环境控制器后续发来的运行数据;否则说明可能是非正品环境控制器发来的数据,直接丢弃,拒绝为其建立数据档案。

(三)数据关联与饲养环境复制技术

环境控制器的应用软件中已留出用户名称填写位置,终端用户需要接入养殖云服务时,在其中填写用户名称,填写完毕保存时,即自动上传到云服务器。服务器收到信息后,即更新该 ID 号的环境控制器所属用户,用户即可为该环境控制器对应的养殖舍填写生产性能日志,至此已经将该 ID 号环境控制器所在的养殖舍的生产性能日志与运行数据建立关联。通过这两个方面的内容,云即可根据运行状态数据与生产性能数据做出合理的关系判定,通过保证在鸡舍中复制相同的环境从而达到类同的生产性能[1]。

这种模式下需要给每台环境控制器配上数据卡,直接接入物联网,此时的数据时延纯粹是网络接入与传输时延,不存在因扫描频率而引起明显时延的现象。它的缺点是数据量不能太大(千字节级别以下没有问题),而且每张数据卡都需要向电信服务运营商缴纳通信服

---

①　理论上,技术通路已经打通,但需要大数据分析技术作支撑才能应用到实际生产中,因此离成熟应用仍有很长道路要走。

务资费,长期运行成本相对要高。

在给每台环境控制器配上数据卡,直接接入物联网这种方案基础之上,还可以衍生出更为超前和激进的环境控制器虚拟化的做法。在传统数据采集探头上加装 CPU 与数据卡,在 CPU 的存储器上采取前述 ID 编码管理方案,将其改造成具备物联网接入能力的智能探头;继电器板加装 CPU,在 CPU 的存储器上采取前述 ID 编码管理,将其改造成具备物联网接入能力的智能执行器;在云上建立智能探头和智能执行器的 ID 编码档案与在养殖舍中的分配对应关系数据库;智能探头只完成数据的采集与上传工作,智能执行器只完成云规定的动作的执行。至于探头采集的数据分析与如何输入执行动作的决策工作则完全在云上完成。也正是基于此,才能将环境控制器虚拟化,多个智能探头与智能执行器共享云上的计算和决策资源,从而提高云资源的利用率,降低用户采购和维护实体环境控制器的成本。在这种模式下,物联网网络连接的可靠性与数据双向通道的稳定性成了方案成败的关键所在。笔者相信随着 5G 通信技术的成熟以及智能物联网技术的发展,以中国移动、中国电信、中国联通等通信企业主推的 4G、5G 以及窄带物联网[①]接入技术以及网络基站的覆盖完全可以满足应用的要求。

如果说全行业没有这样的先例是认为环境控制器虚拟化是超前的理由,那么因不能保证云服务和物联网接入 7×24 h 稳定运行而使养殖舍内的动物陷入死亡的巨大风险,则是判定虚拟化是激进做法的充分理由。养殖场一般都建设在偏僻地区,移动通信基站的信号有效性得不到保证,因此这种环境控制器虚拟化的技术解决方案目前还只停留在实验室阶段,不具备大规模推广的条件,养殖设备行业只能静待 5G 网络成熟后,才能享受通信业进步给养殖业带来的红利。从风险分析的角度来看,人们因对新事物的未知性而存在恐惧感是正常现象,正是因为没有先例才证明尝试的价值和攫取潜在巨额红利的可能。在 5G 网络成熟后,物联网 7×24 h 接入的稳定性可由电信运营商保证;云服务 7×24 h 稳定运行,一方面由电信运营商提供服务器环境支撑,另一方面由云服务软件开发商来保障,在可以预见的范围内都属于可控风险。

(四)环境控制器的软件生产及升级

1. 环境控制器的软件生产

把目标代码文件下载到嵌入式设备中通常有两种编程方式:一种是在系统编程(in system programming,ISP),另一种是在应用编程(in application programming,IAP)。ISP 和 IAP 都可以使用串行通信口(通常叫作 COM 口,下文所称 COM 口均指串行通信口)完成目标代码的下载,二者的本质都是将目标代码下载并存储到程序存储器中以供 CPU 复位后执行,但是二者也有些许不同。

(1)在系统编程(ISP)

ISP 就是当嵌入式系统上电并正常工作时,计算机运行专用下载软件与专用下载工具建立通信链路,通过专用下载工具,将目标代码发送到 COM 口上。嵌入式设备通过 COM 口接收目标代码并写入程序存储器的活动过程,一般在计算机和专用下载工具配合下才能完成。目标代码被写入嵌入式设备后,编程结束,嵌入式设备会复位,然后执行软件并进入正常工作状态。

---

① 准确地说窄带物联网是 5G 的一部分,它是中国自主的物联网标准,因此把它单独与 5G 并列在一起。

（2）在应用编程（IAP）

IAP 是嵌入式系统软件在运行过程中对应用程序区的程序存储器进行下载目标代码的活动过程，这个过程可以有计算机的参与，也可以脱离计算机而由嵌入式设备自主完成。IAP 的目的是在产品发布后，在用户处可以通过预留的 COM 口或 SD 卡接口或 USB 接口方便对产品中的应用程序进行更新升级。

一般来说，具有 IAP 能力的嵌入式设备，其程序存储器内都含有引导和加载用户程序的 BootLoader 软件。嵌入式设备需要至少执行 1 次 ISP 过程才能将 BootLoader 软件下载到程序存储器中，然后才具有 IAP 的能力。有些单片机（如 STC51 系列）出厂时就有 Boot-Loader 软件，而有些单片机（如 AVR Mega 系列）具有 Boot 和 Load 的功能，但要使用者自行开发 BootLoader 软件并通过 ISP 下载到芯片中才能使用这一功能。IAP 是实现环境控制器空中（over the air，OTA）升级软件的基础。

图 6-3-1 为 BootLoader 应用示意，显示了在使用 BootLoader 技术前提下，如何首次制造产品、加载初始固件、销售以及到达终端用户处后使用新版本的固件更新产品。

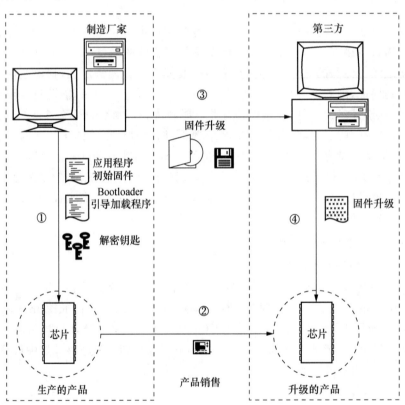

①在制造过程中，环境控制器的微控制器首先写入了 BootLoader 引导加载程序、解密钥匙和应用程序初始固件。引导加载程序负责接收实际应用程序并将其编译到闪存中，而密钥的设置是需要密钥来解密传入数据。

②环境控制器被送到分销商或者销售给终端用户。

③完成更新版本的固件被加密并发送到分销商。

④经销商升级所有库存环境控制器和在服务期内客户退回单位升级的环境控制器。

图 6-3-1　BootLoader 应用示意图

2. 通过 OTA 升级软件

环境控制器在正常工作时,是无法运行引导区的 BootLoader 软件的(运行的是用户程序区的程序),此时云下发到环境控制器串口上的新程序,是无法被环境控制器接受的。因此在程序中要留出接口,以便云下发新的程序时,环境控制器能知道云的意图,转而执行 BootLoader 程序。一旦 BootLoader 程序得以执行,其过程便和从本地计算机的 COM 口进行 IAP 过程完全一样,可以方便地接收和更新程序。原程序和云的通信活动触发环境控制器执行 BootLoader 程序,完成程序的更新过程,由于没有本地计算机参与(即便有作为网关角色的本地计算机,其本质也是作为数据的通道而存在的,完全可以忽视其计算机的属性),可以看作是以 OTA 方式升级软件的。

(五)养殖云服务的上层实现

我们采用从底层设备向上层数据服务逐步发展的方式来完成养殖云服务系统的建设,即以环境控制器为基础,从环境控制参数监控入手,再逐步利用大数据分析反过来指导生产管理等高级功能。

1. 上层云服务功能介绍

(1)移动端功能

①手机能够自动收到设备的报警信息、环境状态信息、生产信息。

②手机能够进行参数的查询和修改,比如温度、湿度等。

③温度、湿度、CO_2 气体浓度数据需要保存 45 d,并且温度、湿度生成间隔 10 min 的曲线图,CO_2 气体浓度生成间隔 10 min 的曲线图。

④所有的报警都需要实现后台唤醒推送。

⑤根据环境控制器种类型号的不同,可控的参数有以下类项,见表 6-3-4。

表 6-3-4 参数分类

参数类别	参数内容
功能管理类(2 项)	外设管理、报警管理
环境参数类(9 项)	温度、湿度、静压、通风级别、级别最值、安全通风、湿帘泵、CO_2、搅拌风机
工艺参数类(5 项)	供水、供料、喂料、光照、体重
第三方设备(2 项)	定时器、循环定时器

(2)云服务器功能

服务器与集中控制器(网关)之间通过 TCP/IP 协议进行通信传输,数据到达服务器后由服务器进行相应的数据解析工作。

服务器需要记录运行状态数据,以便后续构建大数据分析、计算并利用。当前考虑采集以下内容,见表 6-3-5,不排除后续升级和修改的可能。

2. 主要指标

(1)云服务器指标

服务器初期配置为 4 核 CPU、8 G 内存、1 TB 硬盘存储、8 M 带宽、200 并发数。随着用户与设备的增加后期可酌情扩展相应的配置。服务器程序应当采用分布式架构方式,有助于后期应用程序与数据库分开部署,以减小服务器使用压力与服务器的租用成本。

表 6-3-5 采集内容

项目	记录密度
1 设定温度	有以下几档：3 min/5 min/10 min/30 min
2 设定湿度	
3～19 温度 $m(m=0,1,2,\cdots,16)$，其中温度 0 指室外温度，其他没有指定特定位置	
20 室外湿度	
21 室内湿度	
22 CO_2 浓度	
23 氨气浓度	
24 风速	
25 继电器用途表	每条 1 min
26 继电器吸合状态	
27 耗水量	有以下几档：30 min/1 h/4 h/8 h/12 h/24 h
28 耗料量	
29 体重	
30 日死淘数量	

（2）移动端指标

App 在手机上的兼容性，兼容安卓（Android）5.0 及以上的机器；各功能运行流畅度，不出现卡顿死机现象；支持后台唤醒方式，保证推送准确无误。

3. 建设方案

充分利用现有群控系统硬件平台，开发新的应用软件，使得现有用户能够无缝升级，最大限度节省接入依爱云服务的新增投入成本。群控与云服务对比见表 6-3-6。

表 6-3-6 群控与云服务对比

	群控	云服务
群控计算机	√，数量＝管理区数	√，数量＝管理区数
无线通信盒	√，数量＝管理区数＋养殖舍数	√，数量＝管理区数＋养殖舍数
SMS 短信报警	√，每管理区 1 台短信猫	√，推荐使用端监控替代该功能
云服务器	×，不需要	√，云服务平台核心
端监控（Windows、Android、iOS）	×，不支持	√，因特网流量（报警推送、状态推送、参数监控）
未来服务	×，不支持	√，云上大数据分析、饲养工艺参数云上自动修正与下发到环境控制器……
用户群体定位	中小养殖场（场长、技术员）	大型养殖集团自备服务器，运行依爱云服务软件；中小养殖场租用依爱云服务

注：√表示支持，×表示不支持

群控升级为云服务平台有 2 种方式。

第 1 种，用户租用依爱云服务器，自备手机终端，加购手机 App 和 Windows 客户端软件，升级群控软件。

特点：新增投入费用低，运行成本高，适用于中小型养殖场。

第 2 种，用户自备服务器硬件、公网 IP、短信猫，加购依爱云服务软件、手机 App 和 Windows 客户端软件。

特点：新增投入费用高，维护技术难度大，适用于具有信息化管理执行机构的大型集团用户。

云服务系统架构图如图 6-3-2 所示，在分阶段组建云服务的思路下，基于群控系统建设成果，增加建设云服务器，Windows 客户端和 Android 手机客户端就可以完成初级养殖云服务的建设。

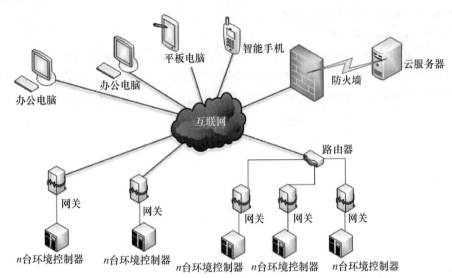

图 6-3-2 云服务系统架构图

云服务系统功能图如图 6-3-3 所示，其中"数据分析管理"部分是系统核心竞争力所在，但不是目前市场需求最迫切的内容。市场需求最迫切的是移动端实现监控和实时状态查看，因此用户管理、环境监控、生产管理是系统建设的首要任务，而数据分析管理只需要完成采集与记录功能，后续的分析与利用是长期逐步完成的。

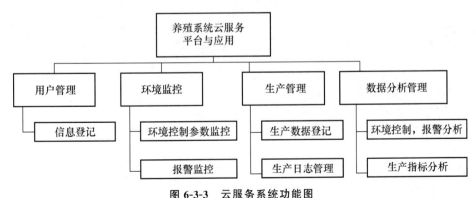

图 6-3-3 云服务系统功能图

①用户管理。服务器端应设有超级管理员负责维护云服务器信息。超级管理员可以维护用户信息、用户公司名称（公司有唯一编码）与注册用户信息。

　　用户使用手机号完成账号注册,注册信息包含姓名、公司名称(可选)、手机号、注册时间(自动生成)、密码,同时为用户提供密码修改和密码找回的功能。每家公司拥有唯一管理员账号,管理员账号不具备普通用户的功能,但是可管理公司注册用户 App 的使用权限。

　　②环境监控。通过手机 App 用户可查看环境控制设备的运行状态以及实时参数、设定参数、报警信息等。对于温度、湿度、CO_2 气体浓度等参数可生成相应的曲线。当设备发出报警后应主动推送报警信息到用户手机。收到报警信息,App 会主动唤醒用户手机显示。

　　③生产管理。用户可通过 App 端填写用户自身的生产数据信息,针对批次养殖全过程的生产数据,可通过这些信息对出栏率进行预测。信息需要保存在云服务器数据库中,用户可按自身要求查看相应的历史日志信息。

　　4. 关于 Windows 客户端

　　移动 App 的优点在于移动办公,随时随地可监视,但移动系统偏重娱乐,且基于客户端—服务器模式的软件在 PC 软件市场上仍然有很大比重,同时考虑 Windows 计算机是养殖场用户最经常使用的,因此 Windows 客户端仍是云服务系统必要建设的一部分。

第七章

养殖场生物安全体系建设

● **导读**

　　本章对我国肉鸡养殖的生物安全现状进行了阐述,着重描写了不同时期封闭式肉鸡舍中大气颗粒物的成分形态、微生物群落结构以及鸡舍气溶胶对肉鸡健康的影响,并进一步论述了鸡舍消毒的重要性和常用方法。

第一节　生物安全在养殖场中的重要性

一、生物安全的定义和内容

　　养殖业生物安全指在健康养殖过程中采用的动物群体管理和疫病综合性防治策略措施,是保护动物健康成长,保障动物福利,预防各种致病因素进入养殖各环节导致传播所采取的规定与措施,同时也包括保障饲养和工作人员健康采取的一系列措施。在当今世界,生物安全是全人类所关注的问题,其中养殖业的生物安全是全球生物安全链中非常关键的一环。但是很多农场主生物安全意识淡薄,对养殖各生产环节的污染源和传染源处理不规范,不能有效防御和杜绝动物疫病的发生和传播,无法建立健全动物疫病防控长效机制。随着养殖业集约化、规模化的快速发展,养殖场越来越重视绿色健康养殖,为确保养殖业健康发展和动物产品安全性,生物安全已经成为养殖户必须面对和亟待解决的课题。

　　生物安全是集约化、规模化养殖业的一项系统工程,涵盖养殖场的选址建设、引种、饲养管理、检疫和防疫、病原清除、污染物无害化处理、动物与动物产品安全监控及公共卫生等全过程。生物安全的基点是动物疫病控制,保障动物产品安全。家禽养殖业的生物安全与动物疾病的预防免疫、消灭传染源、药物防治等相互构成疫病防治系统,类似于传染病的综合防治措施。但是生物安全更加重视工程的系统性、整体性，不同组成部分之间的相互性，以及加强对病原的控制，最终保障家禽产品的安全性。

二、养殖场建立生物安全体系的必要性和重要性

规模化养鸡舍建立生物安全体系的目标归纳起来主要是提高肉鸡的生产性能、减少疫病的发生和传播、保障鸡群的健康和减少排放、保障人的安全和健康、提高经营者的经济效益等。

1. 提高肉鸡的生产性能

规模化肉鸡舍建立生物安全体系的目标大多是从提高肉鸡生产性能的角度考虑，其中鸡舍环境参数的设计是必不可少的措施。通过研究鸡舍内小气候环境因素与不同时期肉鸡生产性能的关系，来制订最适宜肉鸡生长的各项环境参数，如通风、湿度、温度、光照等。例如，主要通过寻求鸡体内代谢的热中性范围和避免热应激温度范围，来明确鸡舍的温度控制，并以此结果设计配置鸡舍的通风降温设备和供暖系统的设备容量等。这些环境控制参数的设计可降低肉鸡的饲料消耗、提高肉鸡的生产性能，最终达到较高产出的目的。

2. 减少疫病发生和传播

养殖场建立完善的生物安全体系，可以有效防止养殖场外部环境的病原体进入鸡群，减少疾病发生，还可以在已经存在病原体的养殖场内有效防止病原在鸡群内相互传播，或向其他养殖场传播。从当前来看，建立良好有序的肉鸡养殖场生物安全体系，是切断病原传入、预防传染病流行的最有效措施；长期来看，优质肉鸡养殖模式的转型升级势在必行，随着规模化和标准化养殖程序的建立和全进全出的封闭式养殖模式的推广，建立切实可行的生物安全体系能够最大限度地降低家禽疫病的发生。

3. 保障鸡群健康和减少排放

近年来，随着肉鸡疫病的不断增多，人们越来越重视养殖舍生物安全体系的建立以及对环境污染的控制，肉鸡和饲养人员的健康等问题也逐渐得到人们的关注。世界各国都在加强鸡舍生物安全体系的建设，主要包括增强生物安全观念、加强生物安全管理、完善生物安全制度，从切断传播途径、控制传染源及保护动物方面来防控肉鸡疫病的发生、发展和传播。在环境控制方面，除了对传统的温度、湿度、通风、光照和噪声进行控制，特别对有害气体的控制进行了加强。同时，为了加强鸡舍疫病防控管理和减少交叉感染，很多规模化养殖场对鸡舍图像进行了系统采集、传输和控制。

4. 保障人体健康安全

养殖场内禽流感病毒、沙门氏菌、绿脓杆菌等人畜共患病病原菌污染严重，从事活禽养殖、贩卖、运输、宰杀等工作的人员发病占比高，因此从保障人体健康和安全的角度来看，做好养殖场的生物安全体系建设十分重要。据统计，感染禽流感病毒 H7N9 的病例中，从事活禽养殖、贩卖、运输、宰杀等工作的人员占 6%，而养禽暴露、家中养禽和购买禽类在家饲养的人员占 30%左右。根据对不同地区 H7N9 亚型禽流感病毒污染情况的监测，养殖场的病原学阳性率为 0.08%~0.1%，仅次于活禽市场的检测率。

5. 提高经济效益

现代企业的基本目标均为经济效益最大化，规模化家禽养殖企业也同样遵循这一目标。在家禽产品市场价格不稳定、能源价格不断上涨的情况下，养殖场生物安全控制体系的建立

与经济效益更应直接挂钩,追求环境控制技术,在确保肉鸡良好的健康和较高的生产性能前提下,综合考虑投入成本和产出的关系,提高经济效益。

三、我国养殖业生物安全现状

1. 动物疫病态势

动物疫病情况是评价养殖业生物安全最重要的指标之一。改革开放近50年来,以家禽为主的养殖业发展迅速,规模化、集约化和产业化程度不断提高,但我国兽医相关法规制度还不够完善、不配套,使旧的疫病无法得到有效控制,新的疫病又不断侵入,导致家禽病死率高达15%~20%。目前看来,我国家禽病况复杂,人畜共患病不断增多,危害巨大,疫病防控形势十分严峻。目前我国的肉鸡疫病流行主要有以下几方面的特点。

①流行特征发生变化。由于病原体和动物宿主长期受到药物、免疫接种、饲养方式以及环境因素等诸多方面的影响,很多疫病的流行特点和临床表现发生了明显变化,如症状不典型、流行缓慢等,并且散在感染和不显性发生的病例有所增多,一些疾病的发病年龄显著降低,比如非典型鸡新城疫和肉鸡大肠杆菌病等。同时,一些潜伏期短、流行快速、病死率高的超强型疫病也不断出现,如超强致病性禽流感、鸡传染性法氏囊等。

②病原血清型与病型增多。近几年来,很多病毒变异株、超强毒株和高致病力株不断出现,如传染性法氏囊病、禽流感等。一些疾病型也显著增多,如鸡传染性支气管炎,肾型、肺型与腺胃型相继出现。链球菌病致病菌的增多,并能感染人发病等,给很多传染病的防治带来了许多困难。

③新的疫病增多。世界各地尤其是很多欠发达地区,受环境因素、民众素质、生态因素、社会因素等多种因素的影响,不断出现很多新的疫病,我国也不例外。据不完全统计,近20年来,我国先后出现的禽病有13~15种。由于我国防疫检疫法规制度不够完善、执法力度不够强以及生态环境恶化等原因,国外出现的疫病不需要多长时间就会在国内流行暴发,再加上我国有些地区诊断技术低下,使有效的防治措施很难得到落实,其中肉鸡禽流感的扩大和频发就是最典型的例子。

④混合感染疫病增多且病情复杂。近年来,在同一病例分离得到2种以上病原的现象经常出现,诸如鸡新城疫与大肠杆菌、禽流感和绿脓杆菌、鸡法氏囊病和网状内皮组织增生症以及传染性鼻炎混合感染等。很多病例甚至同时存在传染病、寄生虫病和普通病等。并且很多人畜共患病的情况也显著增多,很多禽流感可以在禽、畜、人中交互感染、发病,甚至导致人和动物死亡。

2. 影响生物安全的主要因素

①生态环境与安全状况。动植物是生态环境的主要支柱,家禽养殖是维持生态环境的决定性因素之一。多年来,我国的养殖业管理一直不规范,严重地损害了生态环境。在城郊、农村地区随处可见奶牛、猪、鸡等养殖场,人畜混杂、粪尿污物随意排放等现象,导致各种病原扩散、疫病蔓延、生态环境破坏严重。据统计,这种无规划而又密集的养殖形式在我国大部分地区均有分布,尤其山东、广东、河南、安徽、河北、江苏、浙江、四川、上海、江西、福建等地较为普遍。因此,这些地区的养殖环境污染、疫病流行更为突出,家禽免疫失效、交叉感染和混合感染现象也最为普遍。

②养殖模式对疫病流行的影响。改革开放以来,国家和各级政府对家禽养殖业采取了

规模化和散养化一起上的政策。肉鸡养殖模式大体分为三类。一是具有一定规模的产业化、集约化的大型养殖公司,多在城郊地带或农村地区,养殖设施、防疫程序、屠宰加工工艺都比较正规,基本能够符合《中华人民共和国动物防疫法》的要求。二是"养殖公司＋农户"合作模式,多集中在城乡接合地区,并向周围农村地区辐射。随着该养殖模式的不断推广,标准化养殖场、标准养殖模式的建立,以及各养殖场生物安全意识的提高,对疫病的防治控制将更加系统化、规范化。三是个体养禽户,多数集中在城乡接合地区和农村地区。很多农民将农田改造成禽舍,一般饲养上千只肉鸡,粪尿污物任意排放,卫生防疫无人过问,环境污染十分严重。近年来,随着肉鸡规模化养殖不断发展,集约化养殖模式(前两种养殖模式)必将逐步取代粗放式养殖模式(第三种养殖模式),人们对养殖业的生物安全也将越来越重视。

③兽药生产管理和流通不规范。兽用化学药品、生物制品和各种添加剂的生产和流通使用不够规范,仍然可见粗制滥造、假冒伪劣和三无(无规格、无商标、无标定成分)兽药产品在市场上流行;兽用生物制品中使用的无特定病原体鸡苗流通不符合规范,疫苗、卵黄抗体、高免血清等各类中试产品多处可见;一些违法违规、不符合生产标准的饲料添加剂仍生产销售;兽医行政管理部门将药品和添加剂的监督管理权力下放,甚至将药品质量监管权下放到兽药厂,实施"自检、自律、自控",导致不合格产品流向市场。

④用药不规范和药残超标。与养殖业直接有关的是兽用化学药品、抗生素、兽用生物制品以及饲料添加剂,而肉类产品的安全性与防疫、检疫、屠宰加工和质检密切相关。用药不规范和药残超标不仅影响动物疾病的防治效果,而且可能引发人和动物中毒,并导致耐药菌株的产生。此外,由于兽用化学药品和抗生素随家禽粪便排放到环境中,经过聚集、转移、转化,一些毒力不稳定的弱毒活苗可能在动物中传递,导致毒力返强、变异,从而具有致病性,潜在危险极大。

⑤养殖环境的影响。近年来,我国家禽养殖业动物疾病频发,日趋复杂,难以防控,危害严重。虽然导致这些现象的原因是多方面的,但禽舍环境的质量,尤其是禽舍内的空气质量是最为重要而不能忽视的一个因素。肉鸡舍内空气质量差,NH_3 和 H_2S 等有害气体、空气颗粒物($PM_{2.5}$ 和 PM_{10})和气载微生物等含量高,不仅损害肉鸡的健康,降低鸡群的抵抗力,危害动物福利,而且还能直接导致动物疫病的发生与传播。因此,预防或控制家禽疾病的发生与传播,必须转变思想观念,高度重视改善鸡舍内的空气质量,为肉鸡的健康生长提供舒适的环境。

第二节　养殖场空气质量对家禽健康的影响

目前,我国很多肉鸡养殖场面临呼吸道疾病频发、防控困难、久治不愈的困境,造成严重损失。理论上讲,这种现象和病原种类日益复杂、毒力增强密切相关。但在实际生产中,不论是传染性还是非传染性的呼吸道疾病,都和禽舍内空气质量有很大关系。在饲养过程中,肉鸡饲养密度过大,通风、湿度、温度等各环境因子控制不当,饲养管理不善等因素造成的空气质量问题已成为肉鸡呼吸道疾病多发频发的重要诱因。NH_3、H_2S、CO 和 CO_2 等有害气体,空气颗粒物($PM_{2.5}$、PM_{10})、微生物气溶胶等空气质量因素,都能显著影响动物的健康和

疾病的发生与传播。本节将分别介绍各空气质量环境因素对肉鸡健康的影响。

一、有害气体影响疾病的发生与传播

禽舍中 NH_3、H_2S、CO 和 CO_2 等有害气体,与很多呼吸道疾病的发生传播密切相关。气管和支气管上皮的纤毛、黏液等组织构成了动物正常呼吸道上皮的第一道防线。动物气管的上皮纤毛有规律地向着头部方向摆动,能够将吸入的外来物质推向动物咽部,进而从口中排出。纤毛上的黏液主要起清洁的作用。因此,健康正常的动物呼吸道能够有效地排出吸入的外来物,使禽呼吸系统有效避免来自外来物的损伤。纤毛上黏液的黏度和功能取决于呼吸道环境的 pH。当吸入 NH_3 浓度过高时,呼吸道 pH 增高;当吸入 CO_2 的浓度增大时,会使呼吸道 pH 下降,进而损伤黏液的功能。因此,当禽舍内 NH_3 和 CO_2 等有害气体浓度升高时,肉鸡气管和支气管上皮纤毛会发生改变,如发生萎缩或脱落,进而失去正常功能。这将使家禽上呼吸道的抗病力下降,破坏鸡体抵御病原体入侵的第一道防线,从而使其更容易感染呼吸道疾病。

以发病率较高的肉鸡腹水症为例,肉鸡腹水症是白羽肉鸡的一种很常见的疾病,主要特征为有明显的腹水和肺功能衰竭,死亡率高达 35% 左右。近些年,肉鸡腹水症的发病率逐年增高,给养鸡业造成了严重的损失。尽管目前认为该疾病是由多种因素引起的,如遗传、环境和营养等都能够引起肉鸡腹水症,但养殖环境缺氧是非常重要的一个诱发因素。由于饲养面积较大,为了保持适宜温度,很多禽舍减少通风,导致通风不良,禽舍内 NH_3、H_2S、CO 和 CO_2 等有害气体浓度过高。而肉鸡生长迅速,代谢旺盛,饲养环境中含氧量严重不足,体内缺氧,导致肺泡毛细血管狭窄,肺动脉压升高,右心室肥大和衰竭,引起肉鸡全身静脉血回流受阻,腹腔内各脏器瘀血,血浆中很多成分从血管中渗出,蓄积于腹腔,最终形成腹水,甚至死亡。研究表明,肉鸡舍中 NH_3 浓度为 25 mL/L 时,就可对鸡肺部造成损害。如果肉鸡吸入的氧气不够,特别是肺部被有害物质刺激时,如 NH_3 和粉尘等,它们能破坏肺泡结构,引发腹水症状。因此,在很大程度上可以说,环境因素在肉鸡腹水症的发生发展中起着根本性的作用。

此外,在我国养鸡业中流行广泛、危害严重的鸡呼吸道疾病综合征,虽然是由多种病原体感染发生的,但是其中环境因素的影响,包括饲养密集、通风换气不及时、湿度较低、粪便清理不及时等造成禽舍内 NH_3 浓度过高也是该疾病发生与传播的主要诱因。长久以来,我国畜牧业主要以农户家庭散养为主,而多数农户环境意识薄弱,不注重改善禽舍内空气质量,且多数禽舍简陋,养殖环境恶劣,卫生条件差,导致禽舍内空气质量不良,肉鸡疫病多发频发和难以防控。

二、禽舍中空气颗粒物($PM_{2.5}$ 和 PM_{10})对健康的危害

随着家禽养殖业的发展,集约化、规模化养殖模式逐渐取代了传统养殖模式。现代集约化、规模化肉鸡养殖场通常采用封闭式养殖,在鸡养殖过程中,动物自身、粪便、饲料以及垫料等携带的微生物易形成气溶胶。气溶胶是指固态或液态的微粒悬浮在气体介质中所形成的分散体系。微生物以单细胞的悬浮状态与干燥的固体颗粒和液体微粒相连而在空气中悬浮形成的生物气溶胶,也称为微生物气溶胶。微生物气溶胶可以通过皮肤伤口、黏膜、呼吸

道及消化道等侵入机体,在微生物气溶胶中某些致病性微生物是导致空气污染、引起动物和人类发病的重要因素。

大气颗粒物(particulate matters,PM)是大气中的所有固态、液态和气溶胶物质的总称。人们通常把空气动力学直径≤2.5 μm 的微粒称为 $PM_{2.5}$,可以直接进入肺泡,称为细颗粒物、可吸入肺颗粒物。$PM_{2.5}$ 能够进入呼吸道的深部(支气管、肺泡,甚至通过气血交换进入血液循环)且不易排出体外,对人和动物的健康造成严重影响。$PM_{2.5}$ 属于气溶胶的范畴,大气中 $PM_{2.5}$ 的组成成分主要有重金属污染物(主要是铅、铬、镉等)、氟化物、硝酸盐、亚硝酸盐及微生物气溶胶。其中,空气动力学直径≤2.5 μm 的微生物气溶胶是 $PM_{2.5}$ 的重要组成部分。

禽舍内空气中含有的空气颗粒物是引起家禽呼吸道疾病的主要原因。禽舍内的空气颗粒物中不仅含有大量的微生物,能够引起动物疫病的发生与传播,而且当悬浮在禽舍内的空气颗粒物的浓度较大时,颗粒物还能够阻塞肉鸡的气管和支气管,影响上皮纤毛的运动,损伤上皮纤毛排除外来物(包括微生物病原体等)的功能。

如肉鸡舍暴发鸡传染性支气管炎、新城疫、腺病毒等病毒感染时,会导致气管和支气管上皮纤毛损伤,如果禽舍空气太干燥,或者通风不良,颗粒物浓度过高,会和禽舍内的 NH_3 等有害气体相结合,对肉鸡造成更严重的危害。有研究表明,上述几种疾病的暴发流行与禽舍空气质量不良密切相关。在春季和秋季,禽舍湿度较低,颗粒物浓度增高,使其携带的病原微生物通过空气传播的概率增大,致使这两个季节成为传染病多发和难以防控的季节。目前,禽舍空气成分和微生物组成对鸡的健康与生产性能的影响已经成为国际上的研究热点。

粒径的大小决定了 PM 在空气中飘浮的时间、进入呼吸道的深度以及吸附有害物质比表面积的大小。$PM_{2.5}$ 的粒径较小,在空气中存留时间较长,因此被吸入的概率大增。$PM_{2.5}$ 比表面积较大,更容易富集空气中的有机化合物、重金属颗粒和微生物成分等。$PM_{2.5}$ 能够进入呼吸道的深部,沉积在肺部的支气管、细支气管和肺泡中,甚至部分颗粒物能够穿过肺间质,进入血液,因此 $PM_{2.5}$ 对环境和人体健康造成的影响最为严重。

近年来,$PM_{2.5}$ 的污染问题越来越受到人们的关注。研究表明 $PM_{2.5}$ 对呼吸系统的损伤包括轻度的上呼吸道刺激、呼吸道感染、肺功能下降、支气管炎、慢性阻塞性肺病,甚至肺癌等。此外,$PM_{2.5}$ 不仅可以引起呼吸系统疾病,还可以损伤免疫系统、心血管系统和生殖系统等。研究表明,大气中 $PM_{2.5}$ 浓度的升高与呼吸系统疾病、心血管系统疾病和居民的死亡率密切相关,长期暴露于 $PM_{2.5}$ 中是心肺疾病和肺癌死亡率增高的一个重要的环境因素。

$PM_{2.5}$ 引起细胞损伤的分子机制较多,包括细胞炎症反应、氧化应激、钙稳态失衡等。其中细胞炎症反应是临床上一种常见的病理过程,也是 $PM_{2.5}$ 引起呼吸系统损伤的重要途径之一,是目前人们研究的热点。$PM_{2.5}$ 由呼吸道进入人和动物体内,可以直接刺激炎症细胞,诱发细胞的应激反应,诱导肿瘤坏死因子-α(tumor necrosis factor-α,TNF-α)、白细胞介素-6(interleukin-6,IL-6)和 IL-8 等多种炎症因子的表达与释放,这些异常分泌的炎症因子可以进一步引起局部组织的免疫损伤,改变正常的免疫功能,促进炎症反应的发生。大量文献研究表明,$PM_{2.5}$ 可以通过核转录因子(nuclear factor-kappa B,NF-κB)通路调节 TNF-α、IL-6 等炎性介质的基因表达和分泌增加。NF-κB 通路是真核细胞内普遍存在的介导炎症反应的信号级联途径之一,NF-κB 通常以 p50-p65 异二聚体的形式与其抑制性蛋白(inhibitor kappa B,IκB)相结合呈非活化状态,被一些炎性信号刺激后,IκB磷酸化后被泛素化降解,使NF-κB异源二聚体释放,并进入细胞核内启动各种炎症介质(IL-6、IL-8、TNF-α等)基因的转录和翻译,发挥转录水平的调控作用。

三、禽舍中空气颗粒物的形态和来源

气溶胶是大气系统中重要而复杂的组成部分。通过散射和吸收辐射,不同化学成分的气溶胶粒子对气候系统和人类健康有不同的影响。它们可以作为冰和云的凝结核,通过浓度变化影响冰和云的形成。来自人类活动如生物质燃烧、工业活动和运输等的气溶胶颗粒,也会影响气候变化,甚至能压倒气候系统内的天然气溶胶。

养殖环境的气溶胶变化同样对动物健康生长产生影响,尤其是处于规模化封闭饲养舍的肉鸡。由于舍内空气均处于人为控制状态,当为了保温而降低通风量甚至关闭通风系统时,雏鸡往往会出现呼吸系统疾病。在过去的20年中,肉鸡集约化饲养模式的发展已经导致雏鸡严重呼吸性疾病的频繁出现。

针对大气雾霾的许多研究都采用不同的算法技术在雾霾和晴朗的天气里收集灰尘以弄明白气溶胶粒子的形态及其化学成分。这些研究表明,大气灰霾中会产生高浓度的水溶性离子(如 Ca^{2+}、Mg^{2+}、K^+、SO_4^{2-}、NO_3^- 和 NH_4^+)和有机材料。对封闭鸡舍的气溶胶单个粒子进行形态及成分分析的研究有助于了解引起雏鸡呼吸性疾病的重要信息,对于评估封闭禽舍空气质量对肉鸡健康的影响至关重要。

采用空气颗粒物采样器采集禽舍中的 $PM_{2.5}$ 和 PM_{10}(具体操作方法见附录《禽舍内空气颗粒物采样技术规范》),利用扫描电子显微镜可以对更高空间分辨率的单个颗粒进行测定,可以提供单个气溶胶粒子的尺寸、组成、形貌、结构和混合状态等详细信息。从形态学方面对 PM_{10}、$PM_{2.5}$ 气溶胶颗粒中不同尺寸、形态的粒子进行描述,并找到主要的气溶胶粒子形态类型;同时对主要形态的气溶胶粒子进行化学成分分析,以此来初步判断它们的来源。

1. 禽舍内 PM_{10}、$PM_{2.5}$ 气溶胶颗粒的主要粒子形态

在放大倍数为×400或×500的视野内,PM_{10} 气溶胶颗粒粒子形态多数呈不规则片状、丝状、碎屑状等,尺寸从几微米至几十微米不等。

选取 PM_{10} 气溶胶颗粒10种形态进行放大显微观察,放大倍数在3 500~4 000倍,粒子形态如图7-2-1(c~l)所示。气溶胶颗粒主要呈现球形(Φ:3 μm)、片状[L×B:(5~10) μm×5 μm]、梭形[L×B:20 μm×(2~4) μm]、块状[L×B:25 μm×(4~8) μm]、纤维状(L:10~30 μm)、团状(15 μm×5 μm)等,其中还有大量微绒毛,不同的颗粒相互黏附,聚集成团。在这些粒子中,主要以不规则片状颗粒为主,直径小于10 μm 的粒子形态中不规则片状、纤维状粒子显著增多,尤其是以不规则形态的粒子为主。

在放大倍数为×500的视野内,$PM_{2.5}$ 气溶胶颗粒粒子主要以丝状形态存在,其他主要为不规则碎屑形态。丝状物尺寸从十几微米到几百微米不等。

选取 $PM_{2.5}$ 气溶胶颗粒10种形态进行放大显微观察,放大倍数在4 000~30 000倍,粒子形态如图7-2-2(c~l)所示。气溶胶颗粒主要呈现丝状(L:2~20 μm)、类球形(Φ:2.0 μm)、团状(L×B:2.0 μm×2.0 μm)、不规则形等,比 PM_{10} 中的气溶胶颗粒形态较简单。在这些粒子中,无论是从长度还是从直径观察,小于2.5 μm 的粒子形态中主要以丝状物和

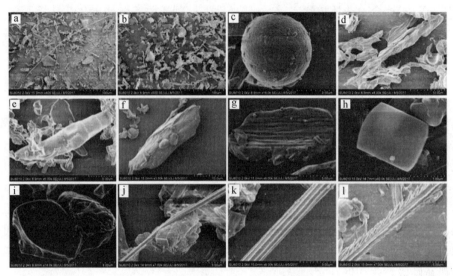

图 7-2-1　禽舍中 PM$_{10}$ 的主要形态

注:a 和 b 为在放大倍数为×400 或×500 的视野内观察到的主要形态;c-l 为选取的 10 种气溶胶颗粒形态。

不规则团聚物为主。

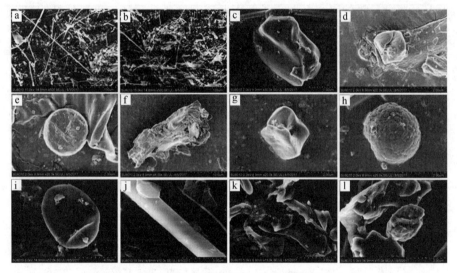

图 7-2-2　禽舍中 PM$_{2.5}$ 的主要形态

注:a 和 b 为在放大倍数为×400 或×500 的视野内观察到的主要形态;c~l 为选取的 10 种气溶胶颗粒形态。

2. 气溶胶颗粒的主要元素组成

通过能量色散型 X 射线光谱法对禽舍内 PM$_{10}$ 中的 10 个不同形态气溶胶颗粒进行元素测定,主要的 PM$_{10}$ 元素组成情况见表 7-2-1。

通过能量色散型 X 射线光谱法对禽舍内 PM$_{2.5}$ 中的 10 个不同形态气溶胶颗粒进行元素测定,主要的 PM$_{2.5}$ 元素组成情况见表 7-2-2。

表 7-2-1　禽舍内 PM_{10} 中的 10 个不同形态气溶胶颗粒元素组成情况（所有数据均进行归一化处理）

	C	N	O	Mg	K	Na	S	Cl	P	Al	Ca	Zn
Fig2c	76.52	13.98	8.26	0.54	0.47	0.22	N.A.	N.A.	N.A.	N.A.	N.A.	N.A.
Fig2d	67.49	14.03	14.58	N.A.	0.45	0.49	1.77	1.20	N.A.	N.A.	N.A.	N.A.
Fig2e	60.35	12.91	20.76	0.60	0.56	1.85	0.94	1.16	0.86	N.A.	N.A.	N.A.
Fig2f	62.32	20.18	15.13	N.A.	0.30	0.45	1.22	0.41	N.A.	N.A.	N.A.	N.A.
Fig2g	58.60	26.51	12.14	0.18	N.A.	0.58	0.99	0.87	N.A.	0.13	N.A.	N.A.
Fig2h	63.43	N.A.	26.87	0.47	2.17	1.50	2.33	1.11	0.63	N.A.	1.49	N.A.
Fig2i	85.75	N.A.	11.44		0.58	0.76				N.A.	N.A.	N.A.
Fig2j	67.83	N.A.	24.74	N.A.	0.67	1.22	0.78	0.72	1.19	N.A.	2.37	0.48
Fig2k	73.84	N.A.	24.08		0.38	0.60		0.41		N.A.	0.69	N.A.
Fig2l	77.95	N.A.	20.68		N.A.	0.66	N.A.	N.A.	N.A.	N.A.	0.71	N.A.

N.A. 指没有检测到。

表 7-2-2　禽舍内 $PM_{2.5}$ 中的 10 个不同形态气溶胶颗粒元素组成情况（所有数据均进行归一化处理）

	C	N	O	Mg	K	Na	S	Cl	P	Al	Ca	Zn	Si	Br
Fig3c	84.09	N.A.	13.65	N.A.	N.A.	0.65	0.95	N.A.	N.A.	N.A.	N.A.	N.A.	0.66	N.A.
Fig3d	76.01	0.00	17.65	0.97	0.48	1.23	1.76	N.A.	N.A.	0.26	N.A.	1.63	N.A.	
Fig3e	70.79	27.25	1.97	N.A.	N.A.	2.10				N.A.	N.A.	N.A.	N.A.	N.A.
Fig3f	49.38	23.85	19.24	N.A.	N.A.	2.10	1.68	0.56	0.28	N.A.	2.92	N.A.	N.A.	
Fig3g	62.19	25.77	N.A.	10.64	N.A.	0.48	0.92	N.A.	N.A.	N.A.	N.A.	N.A.		
Fig3h	89.75	N.A.	7.09		N.A.	0.94			N.A.	2.22	N.A.			
Fig3i	81.92	6.67	5.16		0.56	1.75	2.19	0.80	N.A.	0.94	N.A.			
Fig3j	30.59	N.A.	39.39	N.A.	1.68	6.09			N.A.	2.27	1.26	1.79	15.42	2.22
Fig3k	71.27	N.A.	25.32	N.A.	0.9	1.76		N.A.	0.75	N.A.	N.A.			
Fig3l	67.82	N.A.	21.81	0.69	1.03	1.99	1.62	1.75	1.31	N.A.	1.99	N.A.	N.A.	

N.A. 指没有检测到。

　　根据以上分析结果，依据禽舍内 PM_{10}、$PM_{2.5}$ 气溶胶颗粒单粒子的形貌以及元素成分测定，可以将所观测的 20 个特征性粒子分为以下 5 类，见表 7-2-3。

表 7-2-3　禽舍内不同形态气溶胶颗粒根据元素分析的大概分类

粒子类型	元素特征	粒子形态
有机质类	主要包含 C、N、O，也包含少量 S、Na 等元素	Fig1c,1d,1e,1f,1g,2e,2f,2g
矿物类	主要包含 C、O、Mg、Ca、Si 等元素	Fig1i,1k,1l,2c,2d,2j
富钾	主要包含 N、O、S、K 等元素，K 含量较高	Fig1 h,2j,2l
富硫	主要包含 N、O、S、K 等元素，S 含量较高	Fig1d,1f,1 h,2d,2f,2i,2k,2l
金属	主要包含 Mg、Ca、Zn、Fe 等金属元素	Fig1 h,1j,2f,2j

　　3. 不同气溶胶颗粒的来源分析

　　考虑到禽舍内气溶胶颗粒主要由舍内尘土、鸡粪、饲料粉末以及鸡体表脱落的绒毛、皮屑等组成。因此，对舍内尘土、绒毛、鸡粪及饲料元素进行成分分析，有助于了解舍内气溶胶颗粒的来源及形成机制。通过能量色散型 X 射线光谱法对舍内尘土、绒毛、鸡粪、饲料进行元素测定,元素组成情况见表 7-2-4。

表 7-2-4　禽舍内尘土、绒毛、鸡粪及饲料元素组成情况(所有数据均进行归一化处理)

	C	N	O	Mg	K	Na	S	Cl	P	Al	Ca	Zn	Si	Br	Fe
尘土	50.37	0.00	36.81	0.30	1.87	1.06	0.60	0.48	1.17	N.A.	2.71	3.09	0.62	0.67	0.26
绒毛	58.39	8.39	28.84	0.11	N.A.	N.A.	2.26	0.38	N.A.	0.57	0.08	N.A.	N.A.	0.20	N.A.
鸡粪	46.63	0.00	37.23	1.62	2.03	1.55	0.91	0.97	1.96	N.A.	4.51	N.A.	0.89	N.A.	1.70
饲料	62.97	N.A.	31.04	0.20	0.46	0.25	0.26	0.17	0.31	N.A.	2.85	N.A.	0.31	0.77	0.39

N.A. 指没有检测到。

对比禽舍内尘土、绒毛、鸡粪及饲料元素的成分,我们可以看出,气溶胶颗粒中,有机质类粒子主要来源于绒毛,这些绒毛通过扫描电镜可以清楚看到,大量的绒毛是因雏鸡生长发育中的换羽产生的,其主要含有 C、N、O 等元素。在舍内收集的大部分矿物颗粒主要含有 C、O、Ca(或 Mg)、Si 等,这些矿物颗粒主要来源于尘土和饲料。有机气溶胶含有丰富的 C 和微量 O。在样本中,经常观察到在强电子束中有机材料内部混合富钾和富硫颗粒。

富钾颗粒含 N、O、S 和 K,这些颗粒主要来自鸡粪和尘土。灰、飞灰、有机物、细粒矿物和(或)富铁包裹体可以在富钾颗粒中,在城市丰富的富钾气溶胶颗粒收集也作为生物质燃烧的示踪剂。

富硫颗粒也含有 N、O 和微量 K,这些颗粒主要来自绒毛和鸡粪。该类粒子对电子束敏感,曝光后会击穿粒子而残存一些有机物、细粒矿物、金属颗粒等。

金属颗粒主要由富锌颗粒组成。这些颗粒对强电子束敏感。一些含锌颗粒也含有 Al、Si、Ca 等。这些颗粒主要来自尘土。

4. 不同类型空气颗粒物粒子的相对丰度

在实际测定中,确定样品中所有金属颗粒是困难的,因为它们内部经常混合复杂的次级粒子。在这种情况下,复杂的次级颗粒、金属颗粒及其混合物的总数就无法得到计算。从放大倍数×500 的视野中可以初步确定,在 PM_{10} 气溶胶颗粒中,片状物约占 90%,丝状物约占 3%,其他约占 7%;长度小于 10 μm 的颗粒约占所分析的气溶胶颗粒数量的 70%,其中多数属于不规则片状结构,矿物颗粒与有机质占主要比例。与此相反,在 $PM_{2.5}$ 气溶胶颗粒中,丝状物显著增加,约占总颗粒物的 50%,长度在 1～20 μm 不等,其余为不规则形态,直径(长度)一般在 2 μm 左右;矿物颗粒的百分比随粒径的减少而增加,富钾和富硫颗粒也显著增加。

四、禽舍中 $PM_{2.5}$ 和 PM_{10} 的形成机制

基于动物福利,保持良好的生长环境是规模化封闭鸡舍最主要的考虑因素。肉仔鸡从育雏开始就一直在封闭舍内生长发育直至出栏,整个生长周期为 42～45 d。空气质量好坏可直接影响雏鸡的育成率和出栏品质。送排风系统是舍内空气质量控制的关键系统。考虑雏鸡在不同生长发育阶段对温度的需求,往往通过减少送风量、降低湿度来进行保温。此时,送风系统往往会被人为减少送风量甚至关闭而使舍内空气变得污浊,此时雏鸡常常张口喘气、呼吸频率加快;湿度的减少又会导致尘土、饲料粉末、鸡表皮碎屑、换羽时脱落的绒毛

等细颗粒物浓度的增加。因此，发生呼吸道疾病的雏鸡很快就会出现呼吸困难的临床症状。在空气污浊的禽舍中，气溶胶粒子的形态会变得更加复杂，以丝状、纤维状的颗粒物不断增加为主要特征。由于丝状颗粒物与球状、团状颗粒物相比，更不容易被气管纤毛摆动所排出，这些颗粒物在进入雏鸡呼吸道尤其是支气管后，逐渐附着在支气管表皮细胞表面，与黏性分泌物相互粘连缠绕，从而加剧了呼吸困难的程度。

养殖场区的空气颗粒物形成机制与城市中的相比极有可能存在很大的差异。养殖场多数处于农村地区，平原、山区、丘陵均有养殖场。多数养殖场周边环境较好，空气质量常年保持优良，污染源少，因此，车辆排放的烟尘、粉煤灰煤燃烧等形成的颗粒物较少。PM_{10}中气溶胶颗粒形态以不规则片状为主，$PM_{2.5}$中气溶胶颗粒形态以丝状为主，尽管PM_{10}、$PM_{2.5}$中气溶胶颗粒形态也存在多样性，但与城市大气污染相比，污染程度相对较轻，而且颗粒分类明确。与舍内其他物质成分比对分析表明，这些气溶胶颗粒来源也基本清晰，主要来源于舍内绒毛、尘土、鸡粪及饲料等。

通过对20种气溶胶颗粒的形态和成分进行分析发现，相当多的颗粒是由不同来源的两种或多种气溶胶成分混合而成的。内部混合颗粒的组成和形貌表明，这些颗粒可能是通过凝聚、溶解等过程形成的。

生物质燃烧的烟尘和有机材料内混有富钾和富硫颗粒表明新鲜的烟尘迅速老化，这可以在城市的污染空气中被发现。我们的研究结果表明，富钾和富硫颗粒易于与其他细小不溶性的气溶胶粒子（如尘土、有机质、矿物质及含铁颗粒）结合，形成一个复杂的富集体，而这一富集体的主要贡献者是封闭鸡舍内的尘土，其次是绒毛和鸡粪。

含锌颗粒的来源在本研究中仅仅止于尘土，究其来源尚不得而知。研究表明，在大气灰霾形成过程中，几乎所有的含锌颗粒都含有富锌涂层和富铅内含物。其原因可能是工业活动和垃圾焚烧中的含锌颗粒与酸性气体（如二氧化硫、硝酸和氮氧化物）在霾空气中发生了非均相反应。此外，含锌和富钾、富硫颗粒混合物的存在表明在禽舍内也发生了含锌粒子与富钾、富硫颗粒的反应。

在封闭鸡舍内收集的20个气溶胶粒子揭示了至少5种类型的粒子：有机质、矿物、富钾、富硫、金属。有机质类粒子主要来源于雏鸡生长发育中换羽所产生的绒毛、皮屑等，矿物颗粒主要来源于尘土和饲料，富钾颗粒主要来自鸡粪和尘土，富硫颗粒主要来自绒毛与鸡粪，金属颗粒主要来自尘土。来源不同，其颗粒大小也不尽相同。

随着湿度的增加，有些疏水颗粒（如矿物、某些有机物、富铁颗粒）可被吸湿材料（如羽毛、绒毛、盐等）吸附或凝聚。这些疏水混合颗粒一旦被吸湿材料覆盖，就可以通过吸收更多的水和酸性气体，随着相对湿度的增加而迅速增大。因此，如何协调通风与湿度的关系，以达到降低舍内气溶胶浓度、清洁空气的目的尚需要进一步对不同湿度下气溶胶的形成机制进行研究。此外，舍内气溶胶中大量微粒的形成并持续在空气中存在，对气源性微生物的生存与传播会产生什么影响，这种影响作用于雏鸡呼吸道，又会对雏鸡健康产生怎样的影响，还需要进一步深入研究。

第三节　养殖场空气中微生物分布

随着家禽养殖业的发展,集约化、规模化养殖模式逐渐取代了传统养殖模式。现代集约化、规模化肉鸡养殖场,通常采用封闭式养殖,在家禽养殖过程中,动物自身、粪便、饲料以及垫料等携带的微生物易于气溶胶化,进而逸散至空气中形成微生物气溶胶。微生物气溶胶是微生物(包括细菌、真菌和病毒)以单细胞的悬浮状态与大气颗粒物(PM)在空气中悬浮形成。PM是重要的空气污染物,其大小、形态和组成与动物健康密切相关。机体不同部位对不同粒径的颗粒物的滞留和沉积作用是不同的,这也直接导致其对健康的影响不同。

一、禽舍内微生物气溶胶研究概况

如何减少PM和微生物气溶胶,成为现代养鸡业禽舍环境控制的关键问题。禽舍内含有的微生物病原体主要通过两种方式进行传播:一是微生物吸入人体或者动物呼吸道后黏附于气管、支气管和肺部组织,使家禽感染发病,引起呼吸道疾病,通过咳嗽和打喷嚏喷出形成的飞沫进行传播;二是微生物附着于PM上形成气溶胶进行传播,载有微生物的PM与动物的皮脂腺分泌物、皮屑等混合在一起,黏结在皮肤上会引发动物皮炎,皮肤破裂后病原微生物会进一步影响动物的健康。

气溶胶特别是含有传染性致病微生物的气溶胶在动物疾病的发生发展与传播中有重要的意义。禽舍内的微生物在独立存在的情况下很难存活,只有附着于没有活力的PM上才能存活,并具有感染与传播的能力。因此,PM给微生物提供了非常好的保护。在集约化饲养的肉鸡舍中,肉鸡咳嗽、鸣叫、打喷嚏、采食和饮水等均可喷出很小的液滴,在禽舍空气中形成气溶胶,禽舍中的饲料、垫料以及鸡群排出的粪便干燥后,形成粉尘飘浮在空中,微生物病原体附着在这些颗粒物和气溶胶上生存。禽舍中的温度和湿度较大、饲养密集、粉尘浓度高,微生物的来源也很多,并且空气流动较慢、没有有效的紫外线杀伤,因此禽舍空气中的微生物病原体的数量远多于舍外空气。这些微生物气溶胶散布在禽舍的每一个角落,被吸入鸡呼吸道,侵入气管和支气管黏膜,会导致很多疾病的发生与传播。研究表明,在平养模式的禽舍中,每立方米的空气中含有近50万个细菌,大肠杆菌数的数目可高达4万个。而目前我国肉鸡养殖多采用多层笼养模式,饲养更加密集,因此禽舍空气中的微生物数量有可能更大。

空气质量恶化,尤其是环境空气的微生物污染,不仅严重影响家禽的健康和生产性能,还能导致气源性传染病的发生和流行。禽舍环境中微生物气溶胶具有种类多、含量高、难控制等特点,其组成十分复杂,主要包括非致病、条件致病和病原微生物等。高浓度的非致病微生物会导致机体免疫负载过重、免疫力降低,使家禽更易感染;条件致病微生物在正常情况下不会导致机体发病,但当禽舍的环境条件发生改变,家禽免疫能力下降时,便会大量繁殖,对人和家禽的机体健康造成影响;空气中极少量的病原微生物就可以直接导致家禽的呼吸道感染,尤其是下呼吸道感染,使家禽机体呈现相关的临床症状,影响家禽的正常生命健康和导致家禽的生产性能下降。具有气源性、感染性的病原菌具有最高的效能,家禽受病原微生物侵袭,往往造成肺炎、气管炎、支气管炎等呼吸系统疾病,以及泌尿生殖道和消化道等全身性组织器官并发症,影响家禽的正常生理功能和健康,给养禽业生产带来严重损失。

禽舍中温度较高、湿度较大,蚊、蝇、蛆虫大量滋生,为各种微生物的生长提供了条件。阐明肉鸡不同生长时期封闭式禽舍内 PM 中微生物组成和丰度变化情况,对指导和改善卫生管理、控制气源性传染病有十分重要的意义。目前禽舍内的空气颗粒物和微生物气溶胶采样常用的方法有以下 3 种。

①自然沉降法。这是一种利用微生物粒子本身的重力,让其在一定时间内逐渐沉降到装有微生物介质的培养平皿的采样方法。该方法所需设备简单、操作简单易行,并能够对一定空间里的空气污染情况进行初步的了解,是一种常用的采样方法,在我国广大基层医疗卫生部门、科研院所、家禽养殖场等仍被广泛应用。

②过滤采样法。这是采用抽气装置使 PM 和微生物气溶胶通过滤膜,将 PM 阻留在滤膜上以供进一步分析的方法。根据滤膜孔径的大小可以分别采集 $PM_{2.5}$、PM_{10} 等。该方法可以在低温条件下进行采样,对空气中微生物和颗粒物的采集效率都很高;但容易使耐干燥力弱的微生物干燥致死。高通量测序等方法对微生物的死活要求较低,可以使该影响降至最低,因此该方法使用较为广泛(本章后附录为该种采样方法的采样规范)。

③射流撞击式采样器法。射流撞击式采样器是目前应用最广泛的一类微生物采样器,利用抽气装置以恒定的流量使空气和其中的微生物气溶胶形成高速气流通过狭小的喷嘴,在离开喷嘴时形成的气流喷向样品采集面,空气沿着采集面而去,而微生物气溶胶颗粒由于惯性作用会继续向前进,撞击且黏附在采集面上,最终被捕获。根据选用的撞击面不同,可以将采样器分为固体撞击式采样器和液体撞击式采样器。

固体撞击式采样器的微生物采集面为固体的培养基(营养琼脂或涂有黏性介质的固体表面)。目前最常用的是安德森六级采样器。它是一种六级筛板式微生物气溶胶采样器,由 6 层带有细小孔径的金属撞击盘组成,各层金属盘有 400 个环排列的小孔,从上往下孔径逐级减小,气流速度逐渐变大。采样时,根据目标微生物种类不同,在金属盘放置含有不同培养基的培养皿,将微生物粒子撞击到平皿上。安德森六级采样器捕获效率高、采样粒谱范围广($0.2\sim20\ \mu m$)、敏感性高、微生物的存活率高、操作简单。但也有粒子从采集面脱落、粒子被打碎等情况从而导致误差,以及采样前期准备工作较为烦琐、平板需求量较多等缺点。

液体撞击式采样器是利用喷射气流将微生物气溶胶粒子收集在体积较小的液体中,通常采用 AGI-30 采样器。该采样器具有以下优点:采样介质具有缓冲作用,能够对比较脆弱的微生物进行保护;适用于高浓度的微生物气溶胶采样;价格低廉、使用方便、易消毒等。但同时也具有以下缺点:因为采样流量较小,当微生物浓度较低时,不容易检测到;在低温环境下不容易进行采样;采样时间不宜过长;采样介质容易被污染;采样器为玻璃材质,容易破碎,携带不方便。

随着分子生物学的发展,分子生物学检测手段逐渐被用于分析禽舍内生物气溶胶。传统的免培养技术,如变性梯度凝胶电泳(denaturing gradient gel electrophoresis,DGGE)、温度梯度凝胶电泳(temperature gradient gel electrophoresis,TGGE)、荧光原位杂交(fluorescence *in situ* hybridization,FISH)、限制性片段长度多态性(terminal restriction fragment length polymorphism,T-RFLP)等在微生物组成分析的应用越来越成熟,但这些方法

只能研究部分微生物或者特定病原微生物。16S rDNA 和 ITS1[①] 高通量测序技术是目前最常用的研究微生物菌群(细菌和真菌组成)结构多样性的分析方法,以其精度高、通量高的优势被广泛应用。与传统培养法相比,该技术手段能够检测到难培养和低丰度的物种,能更全面地反映禽舍内气溶胶中微生物的多样性,为气溶胶中微生物的研究提供了更精确的技术支持。

二、禽舍内空气颗粒物(PM$_{2.5}$和 PM$_{10}$)的微生物组成

1. 采样方法

采样时记录采样时间、采样具体地点、禽舍概况、采样方法、环境参数、健康状况等。例如:山东省现代农业创新团队家禽产业环境与控制岗位专家张兴晓于 2017 年 7—8 月在山东省烟台市牟平区选取了 3 处禽舍,分别位于二甲村(37°23′91.91″N,121°24′55.38E″)、大石疃村(37°20′42.19″N,121°23′01.77E″)和泥村(37°22′22.29″N,121°23′75.97E″),对规模化肉鸡舍内 PM 所携带的微生物情况进行系统的研究。采样禽舍的基本情况为:全封闭 3 层笼养,单舍长度 85 m,宽度 12.5 m,檐口下坪高度 3.5 m,舍内设备包括自动清粪系统、风机、料线、水线、水帘、雾线等。饲养品种为白羽肉鸡,采样前各禽舍均经过彻底清扫消毒处理。采样方法:按照本章后附录中的方法采集各个鸡舍中的 PM$_{2.5}$ 和 PM$_{10}$。采样时环境参数:前期(6 日龄)采样时舍内温度为 30~32 ℃,相对湿度为 65%;中期(21 日龄)采样温度为 25~27 ℃,相对湿度为 60%;后期(37 日龄)采样温度为 20~22 ℃,相对湿度为 50%。肉鸡健康状态:肉鸡生长初期,大多健康状况良好;生长中期,少数肉鸡出现呼吸系统疾病症状;生长晚期,出现呼吸系统疾病症状的肉鸡数量增多,部分病鸡出现死亡现象。

2. DNA 提取和扩增

用十六烷基三甲基溴化铵(cetyltrimethylammonium bromide,CTAB)法分别提取采集到的 PM$_{2.5}$ 和 PM$_{10}$ 的基因组 DNA,用琼脂糖凝胶电泳检测 DNA 的纯度和浓度。用无菌水稀释至 1 ng/μL,使用特异引物 16S 和 ITS 进行扩增。PCR 产物经纯化后使用 TruSeq$^{©}$ DNA PCR-Free Sample Preparation Kit 建库试剂盒构建文库,经 Qubit 和 qPCR 定量合格后,使用 HiSeq 2500 PE250 上机,双向测序。

3. 数据分析

下机数据经质控、拼接、过滤等处理后得到高质量的标签数据(clean tags),通过 UCHIME Algorithm 与数据库进行比对,去除其中的嵌合体序列,得到最终的有效数据(effective tags)。利用 Uparse 软件对所有样品的全部有效数据进行聚类,默认以 97% 的一致性将序列聚类成为操作分类单元(operational taxonomic units,OTUs),选取 OTUs 中出现频率最高的序列作为代表序列。用 Mothur 法与 SILVA 的 SSUrRNA 数据库对其进行物种注释分析,分别获得各个分类水平信息,统计各样本的群落组成。使用 Qiime 软件的 R 软件计算 α 和 β 多样性指数,并进行差异性分析。

---

① 转录间隔区(internal transcribed spacer,ITS)序列是真菌 rDNA 中介于 18S rDNA 与 28S rDNA 之间的非编码区,被 5.8S rDNA 分隔为 ITS1 和 ITS2 两个部分。

三、肉鸡不同生长阶段禽舍内 PM$_{2.5}$ 和 PM$_{10}$ 浓度变化情况

针对肉鸡不同生长阶段禽舍内 PM 浓度变化,张兴晓团队记录了各组 PM$_{2.5}$ 和 PM$_{10}$ 平均质量浓度。如图 7-3-1 所示,禽舍内前期 PM$_{2.5}$ 和 PM$_{10}$ 浓度分别为 92.1 $\mu g/m^3$、127.6 $\mu g/m^3$,中期分别为 155.4 $\mu g/m^3$、201.2 $\mu g/m^3$,后期分别为 272.3 $\mu g/m^3$、315.7 $\mu g/m^3$。随着肉鸡的生长,禽舍内 PM$_{2.5}$ 和 PM$_{10}$ 的浓度均逐步升高,并且与前期相比,中期和后期的 PM 浓度都有显著升高。这种增长可能是因为在空舍期间,禽舍通常要经过彻底的清洁、消毒和通风处理,然后才把雏鸡放进禽舍饲养。在早期饲养阶段,禽舍饲养密度相对较小,此时 PM 浓度相对较低。然而,随着肉鸡年龄的增长,饲养密度增大,肉鸡活动也变多,禽舍中的灰尘、饲料、粪便以及脱落的羽毛、皮屑等急剧增加,导致禽舍内 PM$_{2.5}$ 和 PM$_{10}$ 浓度显著升高。PM$_{2.5}$

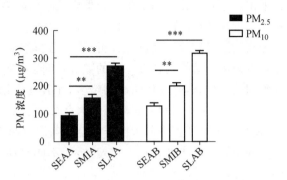

图 7-3-1　PM$_{2.5}$ 和 PM$_{10}$ 浓度的变化

注:数据表示至少 3 个独立实验的平均值±标准方差。＊＊＊$P<0.001$,＊＊$P<0.01$,＊$P<0.05$,与对照组比较。SEAA,禽舍内肉鸡生长早期 PM$_{2.5}$;SEAB,肉鸡生长早期 PM$_{10}$;SMIA,肉鸡生长中期 PM$_{2.5}$;SMIB,肉鸡生长中期 PM$_{10}$;SLAA,肉鸡生长晚期 PM$_{2.5}$;SLAB,肉鸡生长晚期 PM$_{10}$。

和 PM$_{10}$ 的浓度水平也会受到许多环境因素的影响,如空气温度、相对湿度和通风等。

目前有几种方法可以用来降低畜禽舍中的 PM$_{2.5}$ 和 PM$_{10}$ 浓度。例如增加通风,提高相对湿度,调节舍内温度,使用过滤系统或电离的方法等。此外,PM 对动物健康的影响不仅与其浓度有关,而且与畜禽舍中 PM 成分密切有关。禽舍 PM 中含有大量的生物成分,具有很强的生物效应。因此,在相同浓度下,肉仔鸡饲养室内的 PM$_{2.5}$ 和 PM$_{10}$ 对肉仔鸡健康的影响大于其他形式的 PM。

四、禽舍内 PM$_{2.5}$ 和 PM$_{10}$ 细菌群落组成和多样性分析

1. 序列统计

本研究各组 PM$_{2.5}$ 和 PM$_{10}$ 样品共获得 1 104 249 个有效序列标签,平均每个样品有 61 347 个(最大值为 74 629,最小值为 53 612),每个有效序列标签的平均长度为 373 bp,本次共定义了 13 176 个 OTUs(平均每个样品为 732 个),检测到 514 个菌属。所有样本的稀释曲线几乎接近饱和,表明 16S rDNA 基因序列数据库非常丰富,测序条数已经覆盖了样本中绝大多数细菌,也充分展现了其多样性,保证了后续分析的可靠性。

2. 各组样品细菌群落多样性分析

α 多样性分析用于分析样品内的微生物群落多样性,主要包括 Chao1 和 Shannon 指数等,可以反映样品内微生物群落的丰富度和多样性。不同 PM 样品的群落多样性和丰富度如图 7-3-2 所示。在整个肉鸡饲养周期禽舍 PM 样本中,SLAA 和 SLAB 的 Chao1 指数最高,表明在末期的 PM 样本中检测到的细菌种类最为丰富,且显著高于初期。此外,同时

期 $PM_{2.5}$ 所携带的细菌种类大于同时期的 PM_{10} ($P<0.05$)。SEAA 和 SEAB 的 Shannon 指数最高,但与中期和后期相比,均没有显著性差异($P>0.05$)。

在 β 多样性分析中,主坐标分析是通过一系列的特征值和特征向量排序从多维数据中提取出最主要的元素和结构。如果样品距离越接近,表示物种组成结构越相似,因此群落结构相似度高的样品倾向于聚集在一起,群落差异很大的样品则会远远分开。各组样品主成分分析结合多响应置换过程分析(用于分析组间微生物群落结构的差异是否显著)表明,各组样本细菌群落结构具有一定的差异,组间差异大于组内差异,但差异不显著($P>0.05$)。随着肉鸡的生长,呼吸代谢产物增多,尤其在末期,舍内 PM 所携带的细菌种类最多。在属水平上,不同生长周期之间群落结构存在一定差异,但差异不显著。这表明在肉鸡生长过程中,禽舍内 PM 所携带的细菌群落结构与原有结构发生了一定的变化,但变化不显著。尽管在相同菌属上的丰度存在一定差异,但不同时期的 PM 所携带的大多数细菌菌群种类是相同的。

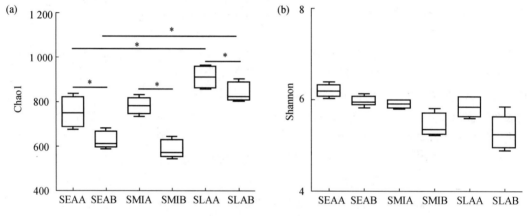

图 7-3-2　不同 PM 样品的群落多样性和丰富度

注:每个箱形图代表多样性指示的丰度值。* 两组比较 $P<0.05$($n=3$)。SEAA,禽舍内肉鸡生长早期 $PM_{2.5}$;SEAB,肉鸡生长早期 PM_{10};SMIA,肉鸡生长中期 $PM_{2.5}$;SMIB,肉鸡生长中期 PM_{10};SLAA,肉鸡生长晚期 $PM_{2.5}$;SLAB,肉鸡生长晚期 PM_{10}。

3. 各组 $PM_{2.5}$ 和 PM_{10} 中细菌群落组成

不同 PM 样品在属水平上优势菌的相对丰度如图 7-3-3 所示。

对采集的 PM 样本所有细菌 16S rDNA(v4~v5)区进行测序,共有 36 个门、79 个纲、132 个目、240 个科、514 个属被鉴定,表明肉鸡舍内 $PM_{2.5}$ 和 PM_{10} 中所携带的微生物具有丰富多样性。在门水平,禽舍内各时期 $PM_{2.5}$ 和 PM_{10} 中含量最高的菌门为厚壁菌门和变形菌门,这和大多数人的研究结果是一致的。

在 $PM_{2.5}$ 中共检测到 491 个属的细菌,在 PM_{10} 中共检测到 384 个属,同时期 $PM_{2.5}$ 所携带的细菌种类显著多于 PM_{10},表明禽舍内 $PM_{2.5}$ 对肉鸡的生长和健康可能会造成更严重的危害。禽舍内不同时期 $PM_{2.5}$ 和 PM_{10} 中所携带优势菌属基本类似,主要包括粪杆菌、乳酸杆菌、腔隙杆菌、双歧杆菌、罗马尼亚梭菌、粪肠球菌、克雷伯氏菌、伊丽莎白菌、铜绿假单胞菌和大肠杆菌等。

在肉鸡不同的生长阶段,禽舍内 $PM_{2.5}$ 和 PM_{10} 中分别检测到的致病菌属包括克雷伯氏菌、伊丽莎白菌、拟杆菌属、粪肠球菌、大肠杆菌、铜绿假单胞菌、葡萄球菌等,在这些菌属中可能含有某些特定的条件致病菌株。

研究发现,在禽舍内所有 PM 样品中都检测到了一种能够引起肉鸡高死亡率的重要的呼吸道病原体——克雷伯氏菌,在 SLAA 中其相对丰度高达 7.8%;PM$_{2.5}$ 中能够严重感染人类的伊丽莎白菌相对丰度高达 14.4%;在样品中均检测到了条件致病菌——大肠杆菌和铜绿假单胞菌。

五、禽舍内 PM$_{2.5}$ 和 PM$_{10}$ 真菌群落组成和多样性分析

1. 序列统计

通过对禽舍空气中真菌 ITS1 区基因进行测序,得到样品原始序列 146 444 个。过滤掉低质量的序列后,得到 1 257 946 个有效序列标签。18 个样品的有效序列标签以 97% 的一致性进行聚类,共得到 2 946 个 OTUs,注释了 385 个属。此外,所有样本的稀释曲线几乎接近饱和,表明样品中大部分真菌均被检测到,保证了后续分析的可靠性。

2. 各组样品真菌群落多样性分析

各组 PM$_{2.5}$ 和 PM$_{10}$ 真菌群落多样性分析如图 7-3-3 所示。

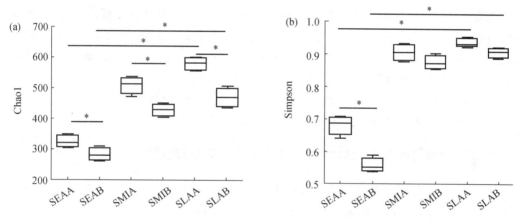

图 7-3-3　各组 PM$_{2.5}$ 和 PM$_{10}$ 真菌群落多样性分析

注:图中各符号解释参见图 7-3-2。

Chao1 指数结果如图 7-3-3(a)所示,肉鸡生长中后期,尤其是后期($P<0.05$),PM 样本的 Chao1 指数均高于前期,表明在肉鸡生长后期空气中的真菌丰度最高。图 7-3-3(b)表明后期的 Simpson 指数最高,显著高于中期和前期($P<0.05$),表明在肉鸡生长后期,空气中真菌群落的多样性最为丰富。利用 ITS1 扩增子测序技术,本次研究在鸡舍的空气中共鉴定了 5 个门、385 个属的真菌,远小于细菌的种类。此外,同时期气载真菌群落的 Chao1 指数、Simpson 指数等 α 多样性指数也小于同时期细菌群落。很多研究也表明在畜禽舍生物气溶胶中检测到的真菌浓度和种类均远小于(少于)细菌,并且户外 PM$_{2.5}$ 和 PM$_{10}$ 中微生物组成分析也表明,细菌气溶胶在 PM$_{2.5}$ 和 PM$_{10}$ 中的占比远远高于真菌。随着肉鸡日龄的增大,禽舍空气中真菌群落的 α 多样性指数逐渐增高,Day38 的 Chao1 指数、Shannon 指数均显著高于 Day4($P<0.05$),主成分分析也显示真菌群落组成发生了显著的变化($P<0.05$)。随着肉鸡日龄的增大,活动量增加、代谢水平改变、排泄物增多、饲养密度相对变大,都有可能导

致禽舍内空气中微生物群落结构发生改变。这提示在肉鸡生长的中后期可以适当增加消毒的次数。基于 OTU 水平的主成分分析结果,结合多响应置换过程分析,表明肉鸡生长前期和后期 PM 真菌群落组成存在显著差异($P < 0.05$)。以上结果表明,各组样品群落结构之间存在一定的差异,尤其在生长前期和后期发生了较为显著的变化。受肉鸡日龄变化的影响,禽舍内真菌气溶胶浓度和组成均呈现出较明显的变化。

3. 禽舍空气中真菌群落组成

在门水平上,担子菌门和子囊菌门在禽舍空气中占绝大多数,与文献报道一致。担子菌门分布极为广泛,几乎存在于所有陆地生态系统中,其中有很多对植物和动物有致病性。子囊菌门是真菌中最大的一个类群,一些寄生的子囊菌除能引起植物病害外,少数也能引发人和畜禽疾病,比如一些青霉和曲霉等。

基于可分类的 35 个不同属水平,本研究构建了系统发育树的热图,结果表明在肉鸡不同生长阶段,尽管禽舍空气中的真菌群落组成大部分相同,但丰度发生了一定的变化。在属水平上,禽舍中 $PM_{2.5}$ 和 PM_{10} 的优势真菌菌属为毛孢子菌属、裂褶菌属、念珠菌属、枝孢菌属、链格孢属、栓菌属和曲霉等。其中,毛孢子菌属在不同时期均有很高的丰度,有研究表明在肉鸡的饲料中添加不同含量的解毒毛孢酵母,均能完全阻断赭曲霉素 A 对肉鸡几种免疫特性的不利影响。但毛孢子菌中也存在一些致病菌株,可对人和动物的健康造成危害,如墨汁丝孢酵母和阿氏丝孢酵母等。念珠菌属是真菌中最常见的条件致病菌,尤其白色念珠菌能够引起一种家禽常见的消化道疾病,同时该真菌也能引发人感染,导致多种疾病。禽曲霉菌病是对养禽业危害最大的真菌病之一,在很多禽舍中均能够被检测到。该疾病由曲霉引起,烟曲霉被认为是致病力最强的病原,对肉鸡的健康造成严重的影响。此外,在不同时期的禽舍中还检测到了能够引起人和动物呼吸道疾病的枝孢属和链格孢属。因此,在养殖过程中,对鸡舍环境进行消毒时应选择对这些真菌敏感的消毒剂。

六、暴发呼吸道疾病时禽舍内大气颗粒物和微生物气溶胶检测

近年来,我国长江以北的许多肉鸡养殖场,17～25 日龄左右的肉仔鸡经常会出现张口呼吸、啰音等以"支气管栓塞"为特征的疫病,且死亡率较高,有时高达 1‰～2‰,已成为危害肉鸡最严重的疾病。该疫病多发于冬春季节饲养管理较差,尤其是对湿度、通风管理不重视的养殖舍,一般认为养殖环境中的 PM 与微生物气溶胶对该疾病的发生与发展过程起着重要的作用。禽类没有明显而完整的膈,胸腔和腹腔是相通的,在呼吸功能上是连续的,呼吸道成为与外界相通的门户,极易受各种病原微生物感染。禽类仅靠自己完整湿润的呼吸道黏膜和不断摆动的呼吸道纤毛来阻止病原微生物的入侵。但当养殖环境较差,空气中 $PM_{2.5}$ 和 PM_{10} 浓度、气载微生物浓度较高时,会给禽类带来强烈的应激,呼吸道的黏膜屏障和纤毛摆动受到严重损伤,各类病原微生物随之入侵、定植、扩散,继而引起大肠杆菌、绿脓杆菌、嗜冷杆菌等细菌混合感染,加重呼吸道疾病,使气管分泌物增加,从而引起栓塞。因此,对暴发"支气管栓塞"疫病的禽舍进行空气环境检测,对该疫病的防控、诊疗以及临床用药都有很重要的意义。

采用 ZR-3920 型空气颗粒物采样器对发病鸡舍和正常鸡舍的 $PM_{2.5}$、PM_{10} 采样(按照本章后附录方法),并计算 PM 浓度。同时,使用国际标准的安德森六级空气微生物收集器采集发病鸡舍和正常鸡舍的微生物气溶胶样品。采样介质分别为 5% 脱纤绵羊血大豆琼脂培

养基(采集气载需氧菌)、伊红-亚甲蓝培养基(采集大肠杆菌)和沙氏培养基(采集气载真菌)。培养完成后经校正后,按公式 7-4-1 计算各组的气载菌落数。

$$气载菌落数/(CFU/m^3) = (Q \times 1\,000)/(28.3\ L/min \times T) \qquad (7\text{-}4\text{-}1)$$

式中:Q——培养皿上菌落数量经校正后的总和;

T——采样时间。

各组 $PM_{2.5}$ 和 PM_{10} 平均浓度显著性差异如图 7-3-4 所示,发病禽舍的 $PM_{2.5}$ 和 PM_{10} 平均浓度分别为 275 $\mu g/m^3$ 和 370 $\mu g/m^3$,正常禽舍的 $PM_{2.5}$ 和 PM_{10} 平均浓度分别为 185 $\mu g/m^3$ 和 262 $\mu g/m^3$。

采用安德森六级采样器采集分析的结果如图 7-3-5 所示,发病鸡舍的气载需氧菌平均浓度为 5.12×10^4 CFU/m^3,气载大肠杆菌的平均浓度为 56.7 CFU/m^3,气载真菌浓度为 $4.89 \times 10^3 CFU/m^3$;正常禽舍气载需氧菌、气载大肠杆菌和气载真菌的平均浓度分别为 3.57×10^4 CFU/m^3、

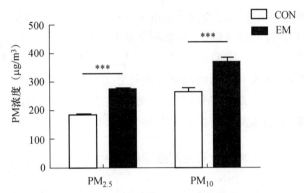

图 7-3-4　各组 $PM_{2.5}$ 和 PM_{10} 平均浓度显著性差异分析

注:CON,正常鸡舍;EM,暴发疾病的鸡舍。

数据表示至少 3 个独立实验的平均值±标准方差。

$* * * P < 0.001, * * P < 0.01$,

与对照组比较。

31.0 CFU/m^3 和 4.11×10^3 CFU/m^3,均显著低于发病禽舍。

在现代集约化、规模化养殖体系中,鸡品种的优良遗传性能已在生产中得到充分的利用。但集约化养殖对鸡舍内微环境适应性的依赖程度也得到了充分放大,某些微生物甚至出现耐热变化,导致现代肉鸡品种抗病能力和健康水平下降,这在很大程度上制约了现代养殖业的发展。在封闭式笼养模式下,随着肉鸡日龄增加,应及时清除舍内垃圾,保持合适的湿度、加强通风,选择对细菌和真菌均敏感的消毒剂进行消毒,这将有利于控制禽舍内微生物气溶胶的浓度,从而为家禽的生长提供更加友好的环境。

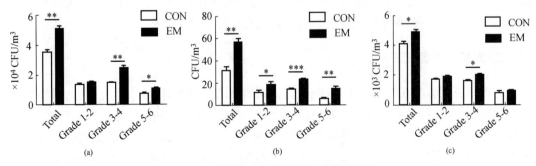

图 7-3-5　安德森六级采样器采集分析结果

注:总微生物气溶胶和各层微生物气溶胶的比较,包括空气中的需氧菌(a)、大肠杆菌(b)和真菌气溶胶(c)。

CON,正常鸡舍;EM,暴发疾病的鸡舍。数据表示至少 3 个独立实验的平均值±标准方差。

$* * * P < 0.001, * * P < 0.01, * P < 0.05$,与对照组比较。每组 $n = 9$。

第四节　养殖场生物安全体系建设措施

养殖场生物安全体系是指在畜禽整个饲养过程中为了保护人和动物免受病原微生物感染危害而建立的一套完整的安全防护体系。生物安全体系通过阻止各类可能致病因素的影响,在控制传染源、切断病原传播途径以及提高动物免疫力方面,起到防控疫病发生、发展和传播的作用,是目前最经济、最有效、最安全的疫病防控方法,其核心目标是控制疫病的发生,保证人和畜禽的健康。现代养殖场生物安全体系建设规范举措包括生物安全观念和意识建设、畜禽管理制度、禽舍规划建设、防止生物传播媒介、隔离、卫生和消毒、日常饲养管理、疫病监测和防控等一系列环节,是各环节综合交叉的一个系统工程学概念。

一、生物安全观念和意识建设

生物安全观念建设重视养殖场的生物安全观念培养以及安全意识的建立,需要包括养殖管理者、从业者在内的广大群众人人参与。各级畜禽疫病预防控制机构和部门一定要加大对各类致病微生物引起家禽疫病重要性和防控措施的宣传力度,加强从业者在引种申报、药物使用等方面相关政策法规和制度的普及,使广大养殖从业者能够高度重视养殖的生物安全建设。此外,也要增加生物安全相关设备的投入和保障。

畜禽生产必须改变生产经营观念,实现产业化、规模化、安全化生产经营模式。现代养殖业只有实现这种生产经营模式才能保证质量安全、降低成本,创造出检疫防疫系统、养殖废弃物无害化处理系统、动物产品质量安全监测系统以及国际竞争营销系统,保护生态环境,提高效益和竞争力。动物产品安全是一个战略问题,我国在食品安全意识和保障措施上和欧美发达国家仍有一定的差距。目前实施的放心食品,只是食品安全的第一步,要实现食品安全过渡的首要任务是尽快建立畜禽产品整套监测体系,从禽舍、引种、动物健康、疫病防控、卫生保障、加工屠宰和运输等全部流程进行监督检验,各项指标制度均应与国际标准接轨。此外,还要建立畜禽产品安全评价体系,负责对畜禽品种、养殖环境、饲料、疾病控制、药品和添加剂使用情况、屠宰加工环境以及规范化说明等进行系统性评价。

二、对兽医的重新认识

兽医学是同各类疾病作斗争、保障人和动物健康的一门学科,必须与时俱进、同步发展。因此,兽医工作者必须不停地学习新理论、新技术,努力提高自己的专业水平,同时要提高自身的思想道德品质,对社会对行业高度负责。兽医的职责不仅在于保障畜禽的健康,还涉及整个社会和全人类的健康,比如我国和亚洲其他国家的禽流感、瘦肉精,欧洲的牛海绵状脑病(疯牛病)与二噁英事件等,这些都表明兽医的职责已经涉及整个人类社会的生物安全。兽医具有法律性,负责制定一个国家的兽医法律法规,同时也负责执行各项法律法规。兽医法律法规的健全执行制度和健全情况,反映了一个国家的整体兽医水平、畜禽健康以及产品质量安全水平。兽医还具有强制性,作为国家的公职人员和执法者,兽医具有国家赋予的权力,对外代表国家主权。兽医官员在执法过程中既不能搞钱权交易、徇私枉法,更不能受到外界的干扰,如果发生失职或有犯法行为应该受到法律的制裁。因此,兽医官员应该由既懂兽医学又精通法学的人来担任。此外,兽医具有一定的国际性,兽医对畜禽产品进行检验防疫、制定质量标准,以及处理方式和仲裁等行为均具有一定的国际性和开放性,许多国际组织对兽医活动原则和职责都做了明确规定。

建立统一的兽医行政管理和监督执法体系十分重要,应改变一直以来多部门管理分散的格局,做到上下一致,实施从中央到省、市、县的垂直兽医管理体制。完善相关法律法规,尽量做到和国际接轨,根据科学技术的进步和社会的发展来进行有效的修改。目前,我国《中华人民共和国动物防疫法》《进出境动物检疫法》《兽医管理案例》等,都应该与时俱进,适应国内外要求,及时修改。此外,在全球化、信息化的今天,世界各国的疫病很容易传播,瞒是瞒不住的,应及时主动上报发布,尽快取得国际合作,防止疫情进一步扩散。

三、养殖场的规划和建设

养鸡场的场址选择要注意以下几点:远离城镇、工业区、居民区和交通要道 500 m 以上,远离其他畜禽养殖场、化工厂、孵化场、皮革厂、畜禽产品加工厂、水泥厂等;野鸟和水禽在禽流感等病毒的暴发和流行中发挥了很重要的作用,因此,养鸡场应该远离野鸟迁徙路线和大型水库、湖泊、沼泽地等;鸡场应建在干燥平坦、排水良好、水量丰富、背风向阳、空气通畅的区域,这将有利于禽舍的通风和保温,能够有效地减少各种病原微生物的繁殖和传播;保证周边交通便利、电力充足。

养鸡场的规划建设必须符合公共卫生安全和兽医防疫的要求。规模化养殖场的建设要综合考虑人和家禽的安全,根据地形地势、气候、养殖规模等因素,确定养鸡场的占地面积和走向等。养殖场的内部生物安全是生物安全体系建设的保障,养殖场内部建设主要考虑总体布局和禽舍的结构。养禽场周围建设围墙或其他屏障与外界分隔,内部划分不同的功能区独立运转,不同区之间设置隔离带缓冲,由消毒通道进出。养殖场内的污道和净道要分开,防止产生交叉感染,功能区划分为生活区、隔离区、生产区、辅助区以及废弃物处理区等。

四、完善的管理制度

人员车辆进出制度:所有人员和车辆进出养殖场都要进行登记,并制定相应的管理制度。外来人员应严禁进入生产区,参观人员必须登记入场,便于追踪溯源。车辆进入养殖场前必须经过消毒池进行消毒,饲养工作人员必须经过沐浴、消毒、更衣才能够进入禽舍。

①饲养管理制度。整个饲养过程都要严格遵守饲养管理制度。要在非疫区并取得种鸡生产许可证的种鸡场进行引种,保证引种鸡苗的健康,保证引种的鸡苗没有免疫抑制性疾病和垂直传播疾病。引入的雏鸡必须经过县级以上动物防疫监督机构进行检疫,确保肉鸡种源的洁净。严格遵守全进全出的养殖方式,根据禽舍面积、气候等因素配置合理的饲养密度。

②环境参数监测和管理制度。定期测定禽舍中各项环境参数,如风速、温度、湿度、空气颗粒物浓度、有害气体浓度等。

③合理的消毒制度。对于养殖场消毒来说,要制订适宜的消毒方法,设计合理的消毒方

案,在消毒前做好鸡场清洗工作。

④完善疫病防控制度。根据疫苗的使用日龄和间隔期,制订合适的免疫程序,并定期检测抗体的水平,适当补免,健全免疫档案。此外,还要定期开展高致病性禽流感病毒的病原监测,排查疫情,做到预防为主。

五、饲养过程中的管理

1. 控制人员和物品流动

家禽的很多传染病是人员交往、物品流动和经营活动,由外界传播进入养殖场的。养殖场中要设置供工作人员进出的通道,入场时要经过消毒池消毒,养殖人员在生产区不能随意走动,更不能在各个鸡舍间随意走动。各类工具都不能够交叉使用,非养殖生产人员不经批准不能进入养殖场。在禽舍管理鸡群的养殖人员应尽可能远离外界的家禽,不得在市场购买活禽和鲜蛋等产品,更不能在家里饲养家禽,防止相关病原体和污染物品进入养殖场。养殖场内的物品流动应该是从小日龄的鸡流向大日龄的鸡,从正常鸡饲养区流向患病鸡隔离区。

2. 控制禽舍环境

禽舍的各类环境因素对禽舍内的空气质量、空气颗粒物和微生物气溶胶有很大的影响,直接影响动物的健康和生长性能,因此,务必要做好环境控制。通过对禽舍房顶、墙壁、门窗等的合理设计,提高禽舍外墙的保温和隔热性能;通过对窗户、天窗、进气和排气管道的建造,达到夏季加大通风缓解肉鸡热应激、冬季降低气流速度保持空气清新的目的。禽舍必须安装风机、水帘、暖炉、雾线等设备,调节禽舍内的各项环境指标。禽舍内还要安装除粪带、料槽、喂水管道等设备,定期清理舍内的废弃物,保持舍内卫生。

3. 控制水质

饮水质量不佳,有可能导致家禽大肠杆菌病、痢疾杆菌病、巴氏杆菌病等肠道疾病,导致家禽腹泻。鸡的饮用水应保持清洁无毒,病原菌检测符合要求,要达到人的饮用水标准,尽量选用深井水和干净的自来水;要选用密闭式管道饮水器,防止病原菌经过饮水感染肉鸡。常用的饮水消毒剂为有机氯制剂、碘制剂和复合季铵盐类等消毒剂。

4. 保证饲料的营养卫生

根据家禽品种、家禽不同生长阶段和不同季节的营养需求,提供合理的肉鸡配合饲料,满足鸡体的生长发育所需要的营养,并使其能够维持好的免疫功能。当家禽发生断喙、转群、饲养条件发生变化等情况时,可能发生应激反应,应及时补充维生素 A、维生素 C 和维生素 K 等。除保证饲料的营养外,还要保持饲料卫生,每种饲料进场时都要进行质量检查,不得购买疫区的饲料;既要控制饲料中细菌、真菌和霉菌含量不超标,也要防止饲料在使用过程中超标,还要注意饲料贮存时间不能超过保质期。

5. 隔离

为了将疫情控制在最小的范围,防止病原体传播,必须严格隔离传染源并进行单独饲养管理。传染病发生后,兽医应立刻深入现场,查明疫病在鸡群中分布的状态,隔离发病肉鸡,并对污染的禽舍进行消毒处理。同时,要尽快确诊并按照诊断结果明确下一步处理的措施。

6. 免疫接种与免疫监测

养殖场一定要根据疫情和自身实际情况,制订适合自己养殖场的免疫程序。免疫成功

与否受很多因素影响,例如免疫时间、疫苗质量和免疫方法等。要有计划地进行免疫情况监测,摸清动物的抗原抗体水平,制订科学合理的免疫程序,把疫病防控工作落到实处。

7. 合理使用药物

家禽大肠杆菌病、沙门氏菌病和巴氏杆菌病等大部分细菌性疾病都需要通过药物投喂来进行预防,根据养殖场疫病的流行特点和临床症状,分离出病原菌,制订合理的投药程序。为了有针对性地使用药物和避免耐药性的产生,应做药敏试验,选择效果好的敏感药物,并经常变换药物种类。此外,有计划地在一定日龄或者在气候转变时期对鸡群进行投药,能够做到预防、减少或防止疾病的发生。

六、防止动物传播疾病

1. 控制野鸟

野鸟是养殖场病原传播的主要途径,但是对野鸟的控制比较困难。一般的做法是在鸡舍周边 50 m 内尽量不种树,以减少野鸟的栖息。此外,要搞好养殖场周边的环境卫生,及时清扫撒落在周边的饲料,避免野鸟进入养殖场采食饲料,禽舍所有的出入口、窗户和前后门等,都要安装防护网,防止野鸟飞入禽舍。

2. 灭鼠

鼠类是人和动物多种共患病的传播媒介和传染源,能够传播很多疾病。养殖场要求地面硬化、环境整洁,及时清理不用的物品和各类器具,使老鼠无处藏身。为防止老鼠打洞,禽舍建筑应该用砖混结构。养殖场大门要严紧,通风孔和窗户加栅栏或金属网。投放毒饵进行灭鼠要全面,场内外夹攻。对于料库,为防止污染可以用粘鼠板、电子捕鼠器、诱鼠笼、鼠夹等。

3. 杀虫

养殖场重要的害虫包括蚊、蝇和蜱等节肢动物。要及时清除鸡舍地面的饲料残屑、垃圾和积粪,强化废弃物无害化处理,疏通排水和排污系统,减少或消除昆虫的滋生地和生存条件。对昆虫较多的墙壁缝隙,可以用火焰喷灯来喷烧杀虫,也可用沸水或蒸汽烧烫禽舍、车辆和工作人员衣物上的昆虫以及虫卵。当昆虫聚集数量较多时,可以使用电子灭蚊、灭蝇灯具。在养殖场内外的有害昆虫栖息地可以通过喷洒化学杀虫剂来杀灭昆虫,但要注意化学杀虫剂的二次污染。

4. 死鸡处理

每个禽舍的病死鸡集中存放在排风口处密闭的容器中,每天集中收集,在专用的焚化炉进行焚烧处理,同时要对容器进行清洗消毒。

七、消毒

消毒是禽舍生物安全体系建设的一项基础措施。家禽出栏后的空舍期是消灭或者减少禽舍内病原微生物的最佳时期。

1. 消毒前准备

①设置适宜的消毒池。首先应在养殖场的进出口设置消毒池,车辆进出的消毒池长度要大于车辆轮胎的周长,深度在 10 cm 左右,人进出的消毒池深度应该在 5 cm 左右。

②清除禽舍内粪便垃圾。粪便、饲料残渣、地面的灰尘、垃圾等都容易藏匿病原微生物，如不清除彻底会降低消毒剂对微生物的消杀效果，所以将禽舍内粪便、垃圾等彻底清除并冲洗干净是消毒工作的首要环节。

③制定合理的消毒制度，安排适当的消毒时间。消毒制度的建立应因每个禽舍的情况而定，体现在消毒时间的安排、消毒药物的选择和使用方法、工作人员的责任等条款，以便进行考核。因为阴雨天湿度大影响消毒效果，晴天的上午有露水也容易影响消毒的效果，所以一般场区禽舍外的消毒安排在晴天的下午进行。消毒时还要根据风向，由上风口向下风口进行。对于禽舍内的消毒，带鸡消毒时应尽量安排在夜间进行，要保证鸡群在安静状态下，最大限度地减少应激反应。

2. 消毒药物的选择与配用

①消毒的规范操作。在养殖场的进出口设置消毒间，工作人员必须消毒、更换专用工作服和鞋靴，通过消毒池后方可进入生产区。生产区内的工具、料车等必须经过洗刷、喷洒消毒剂或熏蒸后才可使用。舍内的消毒应用雾线或喷雾消毒器进行消毒，喷洒时要做到消毒场地表面湿润、无空隙。带鸡消毒要将喷头向上画圈式喷洒，药物缓缓落下，不能对鸡体直接喷洒。雾粒要尽量小，过大易造成喷雾不均匀，禽舍内空气颗粒物接触消毒剂的概率小，起不到空气消毒的作用。

②选择合适的消毒剂。根据高效低毒、价廉方便的原则选择合适的消毒剂。为防止抗药性产生，一般要选择 3 种以上的消毒剂备用，并定期更换。针对病毒应该选择季铵盐类、过氧乙酸类对病毒有效果的消毒剂。同一类的病原所处状态不同对消毒剂的抗性也不同，比如生长期的细菌比静止时期的细菌抗药性要低很多。禽舍环境的酸碱度能够影响消毒剂的效果，例如碘剂、有机氯、石炭酸等在酸性条件下消杀效果强，在碱性条件下作用效果弱甚至无效果。对禽舍、器具、饮水和车辆的消毒，最好选择共用的广谱消毒剂，但在发生传染病时，应该选用高效的消毒剂。总之，消毒所使用的消毒剂，应根据禽舍的消毒环境和疫病防控需要，根据消毒剂的性质和作用，合理有效地选择，不可滥用。

③消毒剂的配制。应根据不同的消毒场所，配制合适的浓度，不能够一概而论。例如消毒池的消毒剂一般浓度略高于规定的浓度。而对禽舍内笼具、器械等的消毒应在说明书推荐配比范围之内。禽舍内带鸡消毒时要考虑消毒剂对人和鸡吸入的毒性、刺激性和对皮肤的吸附性，要尽量选择对衣服和金属腐蚀性小的药物。

3. 某养殖场标准消毒程序

根据长时间的研究，某养殖场制订的笼养鸡舍的标准消毒程序如下。

①清理粪便用粪带将粪便运送出禽舍。

②清扫禽舍，清扫前雾化 10～15 min，彻底清扫禽舍。

③雾化整个禽舍，雾化时间 4～6 h。

④冲刷，注意从上往下冲刷。

⑤第一次消毒，选用 CID-20 或者戊二醛消毒剂，密闭 48 h。

⑥第二次消毒，选用碘伏消毒，密闭 48 h。

⑦通风 3～5 d。

目前该消毒程序已在多家养殖公司和养殖户中推广，取得了很好的效果和经济效益。

附录 禽舍内空气颗粒物采样技术规范

（Q/370671YHY 701—2018）

1 范围

本标准规定了滤膜的选择,采样前滤膜的处理,滤膜的称量,采样器的位置,采样流速,采样时间、浓度计算、样品保存等诸多技术要求。

本标准适用于山东省境内禽类养殖企业。

2 规范性引用文件

下列文件对于本文件的应用是必不可少的。凡是注日期的引用文件,仅注日期的版本适用于本文件。凡是不注日期的引用文件,其最新版本(包括所有的修改单)适用于本文件。

HJ 618—2011 环境空气 PM_{10} 和 $PM_{2.5}$ 的测定重量法

HJ 93—2013 环境空气颗粒物(PM_{10} 和 $PM_{2.5}$)采样器技术要求及检测方法

3 术语和定义

3.1 颗粒物
气溶胶体系中均匀分散的各种固体或液体微粒。

3.2 $PM_{2.5}$
悬浮在空气中,空气动力学直径小于等于 2.5 μm 的颗粒物,也称为细颗粒物。

3.3 PM_{10}
悬浮在空气中,空气动力学直径小于等于 10 μm 的颗粒物,也称为可吸入颗粒物。

4 仪器

4.1 $PM_{2.5}$ 切割器、采样器:性能和指标符合 HJ 93—2013 和 HJ 618—2011 的规定。

4.2 PM_{10} 切割器、采样器:性能和指标符合 HJ 93—2013 和 HJ 618—2011 的规定。

4.3 烘箱。

4.4 分析天平:感量 0.01 mg。

4.5 恒温恒湿箱。

4.6 干燥器。

4.7 普通冰箱。

4.8 超低温冰箱。

5 耗材

5.1 滤膜:选用耐高温、孔径率高、阻力小的防水型玻璃纤维滤膜,滤膜对 0.3 μm 标准粒子的截留效率不低于 99%。

5.2 培养皿。

5.3 封口膜。

6 采样前空白滤膜处理

6.1 将滤膜放入培养皿,然后将培养皿放入烘箱进行烘烤,烘烤温度为 70 ℃,时间为 12 h。

6.2 将滤膜放在恒温恒湿箱(室)中平衡 48 h,平衡条件为:温度取 15~30 ℃中任何一点,相对湿度控制在 45%~55% 范围内,记录平衡温度与湿度。

6.3 在上述平衡条件下,用感量为 0.01 mg 的分析天平称量滤膜,记录滤膜质量,称取 5 次,取 5 次质量的平均值为该空白滤膜的质量 W_0。

7 样品采集

7.1 将符合标准的 $PM_{2.5}$ 切割头、PM_{10} 切割头以及采样器放置于禽舍中央,切割头距离地面 1 m。

7.2 采集空气流量为 100 L/min,连续采集,采集时间为 48 h。

7.3 采样时,将已称重的滤膜用镊子放入洁净采样夹内的滤网上,滤膜毛面朝进气方向,将滤膜牢固压紧至不漏气。

7.4 采集样品后,用镊子取出滤膜,放入培养皿或样品盒。

7.5 采集任何一次样品,均须更换滤膜。

8 样品称量

8.1 采样后,将采集有空气颗粒物样品的滤膜按 6.2 和 6.3 方法称重,得其平均质量为 W_1。

9 样品保存

9.1 滤膜采集后,如不能立即称重,应在 4 ℃冰箱中冷藏保存。

9.2 称重后,如需继续分析 $PM_{2.5}$ 和 PM_{10} 的气载微生物、形态、理化性质等,须将滤纸放入培养皿中,用封口膜密封后,−80 ℃超低温保存,备用。

10 浓度计算与表示

10.1 $PM_{2.5}$ 和 PM_{10} 浓度按下式计算:

$$\rho = \frac{W_1 - W_0}{t \times F}$$

式中:ρ——PM_{10} 或 $PM_{2.5}$ 浓度,mg/m³;

W_1——采样后滤膜的质量,g;

W_0——空白滤膜的质量，g；

t——空采样时间，min；

F——空采样流量，L/min。

10.2　结果表示

计算结果的浓度单位换算为 mg/m^3，计算结果保留 3 位有效数字，小数点后数字可保留到第 3 位。

11　质量控制与质量保证

11.1　应符合 HJ 618—2011 规定。

参考文献

[1]蔡蕊,高广尧.影响畜禽安全生产的环境问题及对策[J].中国禽业导刊,2001(23):35-36.

[2]曹贺芳.肉鸡鸡舍的环境控制[J].动物科学,2007(9):152,158.

[3]陈灿,靳传道,丁贵民.立体化肉鸡养殖管理探讨[J].现代农业科技,2018(4):216-224.

[4]陈合强.种鸡场通风管理技术:纵向通风的管理要点[J].科学种养,2017(12):38-39.

[5]成茜.浅析肉鸡舍三种负压通风模式[J].农业与技术,2018,38(6):113.

[6]党启峰,李俊峰.规模化养殖场生物安全体系构建[J].畜禽业,2018,29(1):30-31.

[7]段龙,张自广,李锦春.间歇光照对肉仔鸡免疫器官和部分免疫指标的影响[J].安徽农业科学,2010(5):2367-2369.

[8]方雨彬.也谈养鸡业的"生物安全":提高养殖效益和控制疫病的发生[J].中国禽业导刊,2002(3):12.

[9]郭占俊,韩大鹏.畜禽舍空气电净化防疫系统原理[J].农业机械,2012(13):105.

[10]洪爱萍,张长国.规模鸡场生物安全体系的建立[J].中国畜禽种业,2012,8(4):152-153.

[11]洪亮.畜禽带体消毒的药物选择与应用[J].新农村,2011(7):27.

[12]胡薛英.畜禽养殖业要摆脱疫病困扰,走安全、健康发展之路:构筑生物安全"防火墙"时不我待[J].中国动物保健,2007(9):46-47.

[13]黄炎坤,王鑫磊,马伟,等.肉鸡生产的通风与温度控制[J].中国家禽,2016,38(19):61-64.

[14]黄炎坤.鸡舍纵向通风设计应用应用情况的调查分析[J].山东家禽,2004(5):15-17.

[15]靳传道.环境的控制与家禽健康[J].中国动物保健,2015,17(11):21-24.

[16]靳传道.鸡舍的改造措施[J].中国动物保健,2016,18(3):9-10.

[17]靳传道.浅析家禽饲养中的通风问题[J].中国动物保健,2014a,16(11):70-71.

[18]靳传道.一种斗式称重连续供料的方法[J].衡器,2014b,44(1):28-34.

[19]寇占英,白浩,张存瑞,等.养殖场生物安全体系建设在防控家禽 H7N9 亚型流感中的作用[J].中国家禽,2018,40(6):58-60.

[20]李冰.畜禽规模养殖场生物安全体系的建设[J].畜牧与饲料科学,2014,35(6):59-60.

[21]李臣.鸡舍内通风与通风效果评价[J].家禽科学,2015(9):25-27.

[22]李冬,江涛.环境安全型畜禽场舍的配套技术:畜禽舍电净化灭菌防病技术及系统[J].农村天地,2003(1):23.

[23]李侃,谢强,田蕾,等.现代化养殖场鸡舍通风设计[J].农业开发与装备,2015(3):53-54.

[24]刘安芳,赵智华.光照在肉鸭生产中的应用研究[J].辽宁畜牧兽医,2001(4):5-8.

[25]刘滨疆,肖华.环境安全型畜禽舍的建设及配套技术[J].当代畜禽养殖业,2002(10):6-10.

[26]刘刚,罗宇锋.规模化养鸡场禽舍环境控制技术研究[J].畜牧与饲料科学,2010,31(4):59-60.

[27]刘培言.禽病防控热点问题探析[J].中国畜禽种业,2015,11(9):156.

[28]刘瑞志,靳传道,王晓君,等.立体化肉鸡养殖鸡舍的设计要求和实现方法[J].现代农业科技,2018(5):220-221.

[29]刘卫东,魏秀娟.不同光照制度和光色对肉仔鸡生产性能的影响[J].中国家禽,1997(3):24-25.

[30]马金祥,张凌漫.鸡场的生物安全措施[J].养禽与禽病防治,2008(4):33-34.

[31]马立勇,郭朝良.从企业消毒标准谈生物安全在养殖加工业中的重要性[J].山东畜牧兽医,2016(11):46-47.

[32]孟庆平,王忠,姚中磊,等.畜禽舍内氨的减排措施[J].中国家禽,2009(2):55-57.

[33]秦贤珍.浅谈规模养殖场养殖环节生物安全管理措施[J].中国畜牧兽医文摘,2017(1):26.

[34]任国栋,靳传道,王杰.肉鸡立体养殖光照设计要求和实现方法[J].中国家禽,2018,40(7):47-49.

[35]宋志伟,赵玉侠,徐梅.家禽饲养场所的科学消毒[J].猪业观察,2011(16):38.

[36]王宝维.中国家禽业亟待更新的理念[C].全国家禽科学学术讨论会,2009:5.

[37]王凤莲,陈晋龙,李洪刚.畜禽舍的建设及饲养环境的改善[J].养殖技术顾问,2008(4):11.

[38]王晓君,靳传道.立体化肉鸡养殖鸡舍的通风设计[J].现代农业科技,2018(8):230-234.

[39]魏玉文.动物防疫中的常规消毒[J].河北北方学院学报(自然科学版),2002(2):47-48.

[40]徐明达.养殖场要正确使用消毒剂[J].猪业观察,2011(5):33-34.

[41]徐荣.夏季加强禽舍的消毒与净化工作[J].中国禽业导刊,2008,25(13):45.

[42]徐银学,葛盛芳,周玉传,等.不同光照制度对绍兴鸭和高邮鸭生长与相关激素及其基因表达的影响[J].南京农业大学学报,2001,24(2):79-82.

[43]杨亮,潘晓花,熊本海.畜禽舍环境控制系统开发与应用[C].中国畜牧兽医学会信息技术分会第十届学术研讨会,2015:9

[44]孟冬梅.不同光色在先减后增的光照制度下对肉仔鸡生产性能的影响[J].国外畜牧学(猪与禽),2009(5):74-76.

[45]张海兰,刘志华.鸡场如何建立健全生物安全体系[J].中国禽业导刊,2006(22):25-26.

[46]张侃吉.饲养管理和生物安全措施在禽病防治中的作用[J].山东家禽,2002(3):51-52.

[47]张康宁,许前,于广春.生物安全体系建设对集约化鸡场的经济效益影响[J].中国家禽,2009,31(15):47.

[48]张振兴,李玉峰.国家应重视兽医和狠抓养殖业的生物安全[J].畜牧与兽医,2006,38(5):51-53.

[49]张振兴.我国养殖业生物安全的现状与对策[J].经济动物学报,2002,6(4):1-4.

[50]赵国财.集约化鸡场存在的生物安全隐患[J].畜牧兽医科技信息,2017(7):101.

[51]赵丽玲.畜禽养殖应重视加强消毒措施[J].福建畜牧兽医,2005(4):76.

[52]赵云焕.规模鸡场的生物安全体系建设[J].黑龙江畜牧兽医,2010(10):21-22.

[53]赵智华,刘安芳,张丽娟.光照制度和性别方式对肉鸭性能的影响[J].甘肃畜牧兽医,2004,34(4):14-16.

[54]朱国强.国内禽病防控思路的分析与思考[J].中国家禽,2009,31(18):35-36.

[55]庄志伟.养殖过程中的生物安全:饮水管理[J].国外畜牧学(猪与禽),2018,38(11):67-69.

[56]Archer G S,Shivaprasad H L,Mench J A.孵化期光照对肉雏鸡的健康、生产力和行为的影响[J].饲料博览,2009(1):39.

[57]Baskerville A,Humphrey T J,Fitzgeorge R B,et al. Airborne infection of laying hens with *Salmonella* Enteritidis phage type 4[J]. The Veterinary Record,1992,130(18):395-398.

[58]Blatchford R A,Klasing K C,Shivaprasad H L,et al. The effect of light intensity on the behavior,eye and leg health,and immune function of broiler chickens[J]. Poult Sci,2009,88(1):20-28.

[59]Bokulich N A,Subramanian S,Faith J J,et al. Quality-filtering vastly improves diversity estimates from Illumina amplicon sequencing[J]. Nature Methods,2012,10(1):57-59.

[60]Boshouwers F M,Nicaise E. Responses of broiler chickens to high-frequency and low-frequency fluorescent light[J]. Br Poult Sci,1992 33(4):711-717.

[61]Caporaso J G,Lauber C L,Walters W A,et al. Global patterns of 16S rRNA diversity at a depth of millions of sequences per sample[J]. Proceedings of the National Academy of Sciences,2011,108(S1):4516-4522.

[62]Chen Q,An X,Li H,et al. Long-term field application of sewage sludge increases the abundance of antibiotic resistance genes in soil[J]. Environment International,2016,92-93:1-10.

[63]Chien Y C,Chen C,Lin T H,et al. Characteristics of microbial aerosols released

from chicken and swine feces[J]. Journal of the Air & Waste Management Association，2011,61(8):882-889.

[64]Cormier Y，Tremblay G，Meriaux A，et al. Airborne microbial contents in two types of swine confinement buildings in Quebec[J]. AIHAJ,1990,51(6):304-309.

[65] D'Amato G，Chatzigeorgiou G，Corsico R，et al. Evaluation of the prevalence of skin prick test positivity to Alternaria and Cladosporium in patients with suspected respiratory allergy. A European multicenter study promoted by the Subcommittee on Aerobiology and Environmental Aspects of Inhalant Allergens of the European Academy of Allergology and Clinical Immunology[J]. Allergy,2010,52(7):711-716.

[66] Daniels M J, Dominici F, Samet J M, et al. Estimating particulate matter-mortality dose-response curves and threshold levels:An analysis of daily time-series for the 20 largest US cities[J]. American Journal of Epidemiology,2000,152(5):397.

[67] Di Bonaventura G，Pompilio A，Picciani C，et al. Biofilm formation by the emerging fungal pathogen *Trichosporon asahii*:Development,architecture,and antifungal resistance[J]. Antimicrobial Agents and Chemotherapy,2006,50(10):3269-3276.

[68] Donaldson A I，Gibson C F，Oliver R，et al. Infection of cattle by airborne foot-and-mouth disease virus:minimal doses with O1 and SAT 2 strains[J]. Research in Veterinary Science,1987,43(3):339-346.

[69]Dziva F,Stevens M P. Colibacillosis in poultry:unravelling the molecular basis of virulence of avian pathogenic *Escherichia coli* in their natural hosts[J]. Avian Pathology,2008,37(4):355-366.

[70] Edgar R C，Haas B J，Clemente J C，et al. UCHIME improves sensitivity and speed of chimera detection[J]. Bioinformatics,2011,27(16):2194.

[71] Fiegel J，Clarke R，Edwards D A. Airborne infectious disease and the suppression of pulmonary bioaerosols[J]. Drug Discovery Today,2006,11(1-2):51-57.

[72]Franck U,Odeh S,Wiedensohler A,et al. The effect of particle size on cardiovascular disorders—The smaller the worse[J]. Science of the Total Environment,2011,409(20):4217-4221.

[73]Garcia G D,Carvalho M A R,Diniz C G,et al. Isolation,identification and antimicrobial susceptibility of *Bacteroides fragilis* group strains recovered from broiler faeces[J]. British Poultry Science,2012,53(1):71-76.

[74]Grahame T J,Schlesinger R B. Evaluating the health risk from secondary sulfates in eastern North American regional ambient air particulate matter[J]. Inhalation Toxicology,2005,17(1):15-27.

[75]Haas B J,Gevers D,Earl A M,et al. Chimeric 16S rRNA sequence formation and detection in Sanger and 454-pyrosequenced PCR amplicons[J]. Genome Research, 2011, 21(3):494-504.

[76]Hamza E,Dorgham S M,Hamza D A. Carbapenemase-producing *Klebsiella pneumoniae* in broiler poultry farming in Egypt[J]. Journal of Global Antimicrobial Resistance,

2016,7:8-10.

[77]Hartung J. Concentrations and emissions of airborne endotoxins and microorganisms in livestock buildings in Northern Europe[J]. Journal of Agricultural Engineering Research,1998,70(1):97-109.

[78]Hong P Y,Li X,Yang X,et al. Monitoring airborne biotic contaminants in the indoor environment of pig and poultry confinement buildings[J]. Environmental Microbiology,2012,14(6):1420-1431.

[79]Hsieh L Y,Chen C L,Wan M W,et al. Speciation and temporal characterization of dicarboxylic acids in $PM_{2.5}$ during a PM episode and a period of non-episodic pollution[J].Atmospheric Environment,2008,42(28):6836-6850.

[80]Huff W E,Huff G R,Rath N C,et al. Bacteriophage treatment of a severe *Escherichia coli* respiratory infection in broiler chickens[J]. Avian Diseases, 2003, 47 (4): 1399-1405.

[81]Jean S S,Lee W S,Chen F L,et al. Elizabethkingia meningoseptica:An important emerging pathogen causing healthcare-associated infections[J]. Journal of Hospital Infection,2014,86(4):244-249.

[82]Jiang L,Li M,Tang J,et al. Effect of different disinfectants on bacterial aerosol diversity in poultry houses[J]. Frontiers in Microbiology,2018a,9:2113.

[83]Jiang L,Zhang J L,Tang J X,et al. Analyses of aerosol concentrations and bacterial community structures for closed cage broiler houses at different broiler growth stages in winter[J]. Journal of Food Protection,2018b,81(9):1557-1564.

[84]Jin L Z,Ho Y W,Abdullah N,et al. Growth performance, intestinal microbial populations,and serum cholesterol of broilers fed diets containing Lactobacillus cultures [J]. Poultry Science,1998,77(9):1259-1265.

[85] Kai M, Bo W, Jing G, et al. Immunity-related protein expression and pathological lung damage in mice poststimulation with ambient particulate matter from live bird markets[J]. Frontiers in Immunology,2016,7(S1):252.

[86]Karakaya M,ParlatS S,Yilmaz M T,et al. 不同单色光照饲养条件下肉鸡生长性能和肉品质特性的研究[J]. 饲料博览,2009(7):43.

[87]Kirby J D,Froman D P. Research note: evaluation of humoral and delayed hypersensitivity responses in cockerels reared under constant light or a twelve hour light : twelve hour dark photoperiod[J]. Poult Sci,1991,70(11):2375-2378.

[88]Kirychuk S P,Dosman J A,Reynolds S J,et al. Total dust and endotoxin in poultry operations:Comparison between cage and floor housing and respiratory effects in workers[J]. Journal of Occupational and Environmental Medicine,2006,48(7):741-748.

[89]Kristensen H H,Perry G C,Prescott N B,et al. Leg health and performance of broiler chickens reared in different light environments[J]. Br Poult Sci, 2006, 47 (3): 257-263.

[90]Lawniczek-Walczyk,Górny RL,Golofit-Szymczak M,et al. Occupational exposure

to airborne microorganisms, endotoxins and β-glucans in poultry houses at different stages of the production cycle[J]. Annals of Agricultural & Environmental Medicine Aaem, 2013,20(2):259.

[91]Lewis P D,Danisman R,Gous R M. Photoperiodic responses of broilers. I. Growth,feeding behaviour,breast meat yield,and testicular growth[J]. Br Poult Sci,2009,50(6):657-666.

[92]Li B,Zhang X,Guo F, et al. Characterization of tetracycline resistant bacterial community in saline activated sludge using batch stress incubation with high-throughput sequencing analysis[J]. Water Research,2013,47(13):4207-4216.

[93]Li S,Yu X,Wu W,et al. The opportunistic human fungal pathogen,*Candida albicans*,promotes the growth and proliferation of commensal,*Escherichia coli*,through an iron-responsive pathway[J]. Microbiological Research,2018,207:232-239.

[94]Liu J,Liu H,Yan J,et al. Molecular typing and genetic relatedness of 72 clinical, *Candida albicans*,isolates from poultry[J]. Veterinary Microbiology,2018,214:36-43.

[95] Lund M, Bjerrum L, Pedersen K. Quantification of *Faecalibacterium prausnitzii*- and *Subdoligranulum variabile*-like bacteria in the cecum of chickens by real-time PCR[J]. Poultry Science,2010,89(6):1217-1224.

[96]Lutz K A,Wang W,Zdepski A,et al. Isolation and analysis of high quality nuclear DNA with reduced organellar DNA for plant genome sequencing and resequencing[J]. BMC Biotechnology,2011,11:54.

[97]M Cambra-López,Hermosilla T,Lai H T L,et al. Particulate matter emitted from poultry and pig houses:Source identification and quantification[J]. Transactions of the ASABE,2011,54(2):629-642.

[98] María Cambra-López, André J. A. Aarnink, Zhao Y, et al. Airborne particulate matter from livestock production systems: A review of an air pollution problem [J]. Environmental Pollution,2010,158(1):1-17.

[99] Małgorzata Sowiak, Karolina Bródka, Kozajda A, et al. Fungal aerosol in the process of poultry breeding-quantitative and qualitative analysis[J]. Medycyna pracy,2012, 63(1):1-10.

[100] Menichini E, Monfredini F. Relationships between concentrations of particle-bound carcinogenic PAHs and PM_{10} particulate matter in urban air[J]. Fresenius Environmental Bulletin,2001,10(6):533-538.

[101]Nathalie W. Bioaerosols from composting facilitiesa:A review[J]. Frontiers in Cellular and Infection Microbiology,2014,4:42.

[102]Nicholson J K,Holmes E,Kinross J,et al. Host-Gut microbiota metabolic interactions[J]. Science,2012,336(6086):1262-1267.

[103] Oppliger, Charriere N, Droz P O, et al. Exposure to bioaerosols in poultry houses at different stages of fattening: use of real-time PCR for airborne bacterial quantification[J]. Annals of Occupational Hygiene,2008,52(5):405-412.

[104]Plewa-Tutaj K,Lonc. Molecular identification and biodiversity of potential aller-

genic molds (*Aspergillus* and *Penicilium*) in the poultry house: first report[J]. Aerobiologia,2014,30(4):445-451.

[105] Poulsen L L,Bisgaard M,Son N T,et al. Enterococcus faecalis, clones in poultry and in humans with urinary tract infections,vietnam[J]. Emerging Infectious Diseases,2012,18(7):1096-1100.

[106]Prester L,Macan J. Determination of Alt a 1(*Alternaria alternata*)in poultry farms and a sawmill using ELISA[J]. Medical Mycology,2010,48(2):298-302.

[107]Quast C,Pruesse E,Yilmaz P,et al. The SILVA ribosomal RNA gene database project:improved data processing and web-based tools[J]. Nucleic Acids Research,2013,41 (D1):D590-D596.

[108]Rosa C A R,Ribeiro J M M,Fraga M,et al. Mycoflora of poultry feeds and ochratoxin-producing ability of isolated *Aspergillus* and *Penicillium* species[J]. Veterinary Microbiology,2006,113(1-2):89-96.

[109] Rozenboim I,Biran I,Uni Z,et al. The effect of monochromatic light on broiler growth and development[J]. Poult Sci,1999,78(1):135-138.

[110]Schlesinger R B,Cassee F. Atmospheric secondary inorganic particulate matter: The toxicological perspective as a basis for health effects risk assessment[J]. Inhalation Toxicology,2003,15(3):197-235.

[111]Sharma A K,Jensen K A,Rank J,et al. Genotoxicity,inflammation and physico-chemical properties of fine particle samples from an incineration energy plant and urban air[J]. Mutation Research,2007,633(2):95-111.

[112]Siddique A B,Rahman S U,Hussain I,et al. Frequency distribution of opportunistic pathogens out of respiratory distress cases in poultry[J]. Pakistan Veterinary Journal, 2012,32(3):386-389.

[113]Sun Y,Wang T,Peng X,et al. Bacterial community compositions in sediment polluted by perfluoroalkyl acids(PFAAs)using Illumina high-throughput sequencing[J]. Environmental Science and Pollution Research,2016,23(11):10556-10565.

[114] Vidic J,Manzano M,Chang C M,et al. Advanced biosensors for detection of pathogens related to livestock and poultry[J]. Veterinary Research,2017,48(1):11.

[115] Viegas C, Carolino E, Malta-Vacas J, et al. Fungal contamination of poultry litter:A public health problem[J].Journal of Toxicology and Environmental Health,Part A,2012,75(22-23):1341-1350.

[116]von Toerne E,Ellen H H,Böttcher W,et al. Dust levels and control methods in poultry houses.[J].Journal of Agricultural Safety & Health,2000,6(4):275.

[117]Wang Q,Garrity G M,Tiedje J M ,et al. Naive Bayesian classifier for rapid assignment of rRNA sequences into the new bacterial taxonomy[J]. Applied and Environmental Microbiology,2007,73(16):5261-5267.

[118]Wang-Li L,Li Q,Byfield G E. Identification of bioaerosols released from an egg production facility in the southeast United States[J]. Environmental Engineering Science,

2013,30(1):2-10.

[119]Wan-KuenJo PhD,Msenve J H. Exposure levels of airborne bacteria and fungi in Korean swine and poultry sheds[J]. Archives of Environmental & Occupational Health, 2005,60(3):140-146.

[120]Yao Q,Yang Z,Li H,et al. Assessment of particulate matter and ammonia emission concentrations and respective plume profiles from a commercial poultry house [J]. Environmental Pollution,2018,238:10-16.

[121]Yunus A W,Nasir M K,Aziz T,et al. Prevalence of poultry diseases in district Chakwal and their interaction with Mycotoxicosis:effects of season and feed[J]. Journal of Animal and Plant Sciences,2009,19(1):2009-2001.

[122]Zeng X,Liu M,Zhang H,et al. Avian influenza H9N2 virus isolated from air samples in LPMs in Jiangxi,China[J]. Virology Journal,2017,14(1):136.

[123]Zhang J,Wei X L,Jiang L L,et al. Bacterial community diversity in particulate matter(PM$_{2.5}$ and PM$_{10}$)within broiler houses in different broiler growth stages under intensive rearing conditions in summer[J]. The Journal of Applied Poultry Research, 2019,28:479-489.

[124]Zheng W,Li B,Cao W,et al. Application of neutral electrolyzed water spray for reducing dust levels in a layer breeding house[J]. Journal of the Air & Waste Management Association,2012,62(11):1329-1334.